001 10 00 101
0101 001 101

Localizing Apps
A practical guide for
translators and translation students

应用程序本地化
面向译员和学生的实用指南

[爱尔兰] 约翰·罗蒂里耶 (Johann Roturier) ◎著

王华树◎译

U0272694

知识产权出版社
全国百佳图书出版单位
—北京—

Localizing Apps: A practical guide for translators and translation students 1st Edition/by Johann Roturier/
ISBN: 978 – 1 – 138 – 80359 – 6

图书在版编目（CIP）数据

应用程序本地化：面向译员和学生的实用指南/（爱尔兰）约翰·罗蒂里耶（Johann Ro-
turier）著；王华树译. —北京：知识产权出版社，2019.8
书名原文：Localizing Apps A practical guide for translators and translation students
ISBN 978 – 7 – 5130 – 6524 – 5

Ⅰ.①应… Ⅱ.①约… ②王… Ⅲ.①应用程序—指南 Ⅳ.①TP319–62

中国版本图书馆 CIP 数据核字（2019）第 222952 号

责任编辑：张雪梅　　　　　　　　　　　责任印制：刘译文
封面设计：张　冀

应用程序本地化——面向译员和学生的实用指南
YINGYONG CHENGXU BENDIHUA——MIANXIANG YIYUAN HE XUESHENG DE SHIYONG ZHINAN
[爱尔兰] 约翰·罗蒂里耶（Johann Roturier）　著
王华树　译

出版发行：知识产权出版社 有限责任公司		网　　址：http://www.ipph.cn	
电　　话：010 – 82004826		http://www.laichushu.com	
社　　址：北京市海淀区气象路 50 号院		邮　　编：100081	
责编电话：010 – 82000860 转 8171		责编邮箱：laichushu@ cnipr. com	
发行电话：010 – 82000860 转 8101		发行传真：010 – 82000893	
印　　刷：三河市国英印务有限公司		经　　销：各大网上书店、新华书店及相关专业书店	
开　　本：787mm×1092mm　1/16		印　　张：15.25	
版　　次：2019 年 8 月第 1 版		印　　次：2019 年 8 月第 1 次印刷	
字　　数：240 千字		定　　价：69.00 元	
ISBN 978-7-5130-6524-5			
京版图字：01-2019-3486			

出版权专有　侵权必究
如有印装质量问题，本社负责调换。

前　言

从 21 世纪初开始，软件行业迅猛发展。软件行业的变化对翻译人员产生了深远的影响。由于数字内容不断演化，为适应新的工作方式，翻译工作者正面临着越来越大的压力。本书着眼于软件应用程序本地化，帮助读者应对这些挑战。全书共有五个核心章节，在每个章节中作者约翰·罗蒂里耶（Johann Roturier）分别详细介绍了以下内容：

- 翻译和其他语言活动在帮助软件适应不同文化需要（本地化）方面的作用；
- 源语内容在本地化（国际化）前所需的准备过程；
- 软件公司为保证本地化应用程序的质量和成功而采取的措施。

本书提供了各种实战任务、深入阅读建议和简明扼要的章节摘要，全面介绍了当前软件行业使用的转换流程和工具。

对于从事翻译和创意数字媒体工作的译员、研究人员和相关专业的学生而言，本书是必不可少的利器。

本书作者约翰·罗蒂里耶是赛门铁克研究实验室的高级首席研究工程师，具有十余年的本地化行业从业经验，担任过多种职位，包括自由译者、语言质量保证测试员、研究员和开源项目经理等。他的研究兴趣包括多语文本分析和机器翻译中的人为因素。

致　谢

　　本书在编写过程中得到了众多人士的帮助。本书的编写本身就像是一次曼妙的旅程，所以我想先感谢我的妻子格兰妮（Gráinne）所给予的耐心、帮助和支持，以及家人和朋友的鼓励。我还要感谢系列丛书编辑［莎伦·奥布莱恩（Sharon O'Brien）博士和理查德·凯莉·沃什伯恩（Richard Kelly Washbourne）博士］在编写中的耐心和卓有见地的专业建议。另外，还要对凯文·法雷尔（Kevin Farrell）博士在编辑阶段提供的帮助致以最诚挚的谢忱。我还要感谢以下组织允许我使用其应用程序的屏幕截图：Transifex、PythonAnywhere、Tilde、Participatory Culture 基金会和 Mozilla 基金会。我特别要感谢本书提到的所有开源或标准化项目的参与人员。最后，我要感谢 ACCEPT、ConfidentMT、CNGL 和赛门铁克本地化团队的所有成员，特别是弗雷德·霍洛伍德（Fred Hollowood），感谢他们多年来就本地化相关话题开展的所有鼓舞人心的对话。

图索引

代码示例索引

目　录

1 简介

本章分为七部分，涵盖本书的总体背景、要写一本关于本地化主题新书的部分理由、关键术语的简要说明、目标读者、本书结构及主要内容、涉及的范围和贯穿全书的约定。

1.1 出版背景

20 世纪 80 年代，台式计算机问世。在此期间，硬件制造商和软件发布商都认识到，要在其他市场或国家销售各自的产品，就需要对产品进行适应性修改，以便其在不同的环境中仍然能够正常运行。这种适应性修改称为"本地化"（localization），因为目标国家/地区或国家/地区组也被称为"语言区域"（locales）。因为当时的计算机依赖的是完全不同的字符集，所以必须进行本地化。例如，以西班牙语编写并采用 Western 编码的程序无法在日语操作系统中正常运行。从那时起，本地化流程变得日益复杂，并经常与国际化流程相结合，后者属于产品本地化的准备工作。注意，由于在英语中，internationalization（国际化）和 localization 两个单词过长，通常采用 i18n 和 l10n 的缩写形式予以指代。这两个缩略词都"使用了每个单词的第一个和最后一个字母，并且用一个说明中间字母个数的数字替代了这些字母"[1]。针对特定的市场或语言区域进行产品的适应性修改，当然不是信息技术（IT）行业的专利，因为任何希望在全球范围内实现成功运营的企业都可以借助这些转换流程使他们的设备、药品或食品达到甚至超过当地的法规、习俗和期望要求。但在本书中重点介绍的是软件应用程序，也称为应用程序或 APP（应用）。

1.1.1   一切都是 APP

对于最终用户来说，应用程序的意义通常仅限于他们为完成特定任务而使用的可视界面。由于应用程序执行任务的复杂性，随时间的推移，显然需要增加额外的组件，此类组件可以称为应用程序的数字生态系统。图 1.1 给出了一个包含部分组件的例子。

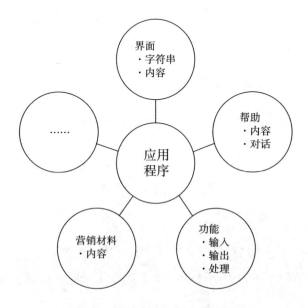

图 1.1   软件应用的生态系统组件

在生活中曾遇到过软件应用程序（无论是桌面应用程序、移动应用程序，还是基于互联网的应用程序）的任何人都应该熟悉上述大多数组件。显然，应用程序都配有由文本字符串（如菜单项）和内容（如新闻或图片之类的信息内容）构成的界面。虽然大多数应用程序用户知道程序还会提供帮助内容，但是查找和使用这些内容并不像使用实际的应用功能那么频繁（这就是人们往往会通过在线或对话获取帮助或支持的原因）。应用程序的功能通常依赖用户的输入，且必须使用过程或算法处理这些输入，才能生成相关的输出内容。根据应用的类型，也可能会生成一些与营销、培训和销售相关的内容，但从最终用户的角度来看，这些内容的关联性可能并不大。不过，如图 1.1 所示，如果某一应用程序取得了成功，那么该应用程序的生态系统可能会变得相当庞大。就本书而言，重点介绍的是可将应用程序与其他内容类型（如香水营销手册或药物广告信息）区分开来从而实施特定流程（如本地化）的组件。

尽管软件本地化首先出现在 IT 行业，但已在其他行业广为盛行，尤其是在线行业，包括使用 Web 站点（通常与 Web 应用程序无法区分）或 Web 服务的行业。现在由在线系统或应用程序生成的任何在线数字内容都会进行某种形式的本地化，以便接触尽可能多的用户。从这个意义上说，本书对于 Web 站点、移动应用程序或桌面程序并未做出任何概念上的区分：所有这些都是应用程序，其数字生态系统可能会因大小而异，具体取决于用户群。应该强调的是，为这个数字生态系统"添砖加瓦"的不仅仅是权威的应用程序开发人员或发布者，应用程序用户也在越来越多地直接和间接地参与应用程序生命周期的各个方面，包括提供资金、功能建议到测试和撰写评论。例如，科哈维等（Kohavi et al. , 2009：177）解释说："从事传统软件研发的软件机构形成了一种在实施前完成功能设计的文化。在网络世界中，我们可以直接通过原型设计和试验整合客户的各种反馈。"在 Web 2.0 模式下，正是因为有了易于使用的在线服务及协作工具，应用的发布周期大大缩短。这些服务和工具实现了内容创作过程的大众化，反过来又对相关的本地化流程产生了影响。

1.1.2　语言挑战

随着互联网的普及和发展，用户在线的时间越来越长，这就要求要以他们可以理解的语言提供内容。根据欧盟委员会信息社会和媒体总局（盖洛普组织，2011：7）的要求进行的用户语言偏好调查发现，在过去的四周中，欧盟绝大多数互联网用户每天都在使用互联网；54% 的受访者表示，他们在那段时间里每天都会上网好几次，30% 的人表示每天大约有一次。这些数据表明，尽管有潜在的语言障碍，那些能够接触用户的公司仍能获得网络商机。十几年前，奥哈根和阿什沃思（O'Hagan & Ashworth，2002：xi）就已经认为网络本地化领域是"翻译行业发展最快的领域"，而且这一领域从未像今天这样与我们息息相关。要在非常有限的时间内翻译越来越多的内容，这并不奇怪。本地化涉及的不只是翻译，发布商往往还要力图以多种语言同时发布信息。

就多语言 Web 站点而言，艾斯林克（Esselink，2001：17）警告说："更新频率已对维持所有语言版本的同步提出了挑战……也就是说，需要极快的翻译交付时间。"但对于发布商而言，要在信息过时之前将其发布出来有时是不可能的，而且有些内容只能以最初的创作语言发布。扬克（Yunker，2003：75）指出："除非目标受众都是双语人士，否则，这种做法一定会让人感到被忽视了。"皮姆（Pym，2004：91）则重点指出了全球分发机制和可访问性的缺失，这种缺失还体现在三类语言区域上：参与式语言区域，其中的用户可访问以他们理解的语言编写的信息，进而可以根据他们访问的信息采取相应的行动；观测式语言区域，用户由于获得信息的时间太迟而无法根据他们访问的信息进行任何操作，他们虽然能访问以自己的语言显示的信息，但是当这些信息翻译出来时已经过时了；排除型语言区域，其中的用户完全没有机会以他们理解的语言获取信息。

加姆玛瑞斯（Giammarresi，2011：17）表示，一家公司进行产品本地化的原因主要有两个：要么是某位国际客户表现出购买该公司产品本地化版本的兴趣（此时的本地化属于一种反应型方法），要么是公司决定进军一个或多个新的国际市场（此时的本地化属于一种战略方法）。虽然某些情形下可能的确如此，但也应提及两个其他原因：一是用户（不一定是客户）的兴趣会推动产品的本地化（这是从利他主义的角度看）；二是某些国家/地区实施的法律法规有相关要求。下面分别讨论推动本地化相关活动的四个主要因素（用户体验、创收、利他和法律）。

1.1.3　本地化的必要性

第一个因素是用户体验。例如，1.1.2 节中提到的用户语言偏好调查发现，虽然一些用户可以接受使用不同于其母语的语言阅读或观看互联网内容，但大多数用户（如大多数欧洲人）依然希望能够以自己选择的语言进行内容交互（搜索、撰写、操作）。在欧盟的互联网用户中，微弱多数（55%）的用户表示，他们至少使用一种以上的非母语语言在互联网上阅读或观看内容，而44%的用户表示他们只使用自己的母语。这些数字或多或少符合国际数据公司2000 年在 Atlas II 项目框架内进行的调查。根据29000 位网络用户提供的结果，估计到 2003 年欧洲的互联网用户中 50% 可能会倾向于访问使用其母语的网站

（Myerson，2001：14）。这些发现表明，为了提供真正舒适的用户体验，Web站点应该提供一些语言支持，这可能就要涉及某种形式的内容本地化（也可能是国际化）。不管无法实现在线内容全面本地化的原因是什么（时间、成本、资源不足），都不应低估只进行部分内容本地化引发的后果。

第二个因素是创收。Common Sense Advisory 报告指出，任何公司参与全球市场的主要推动因素始终都是增加新的收入和赢得市场份额。[2] 德帕尔马等（DePalma et al.，2011：2）认为："高科技硬件和设备制造商的收入中，超过四分之一（27.1%）来自全球市场，而石油和天然气公司的收入中有 23.6% 来自美国以外。"不过，要在这些市场上竞争，各个公司往往不得不打破语言障碍，将其部分内容、产品或服务本地化。由于这需要前期投资，这些公司必须有一定的把握相信这些投资物有所值，或者说能够获得一定的投资回报率（ROI）。正因如此，根据佐恩库瑞德斯－拉尔（Zouncourides-Lull，2011：81）的说法，本地化项目中常常"使用参数估计，并通过标准费率（如每单词成本）和潜在收入"计算成本。翻译记忆技术的广泛使用极大地影响了这种方法，它可以迅速计算出新增内容或匹配内容的翻译成本。当投资回报率计算不能说服高级项目发起人，或管理和支持多种语言的前景太艰巨时，语言障碍依然存在，而商机会丧失。对于小公司，这一点尤其明显，这些公司不一定有实施本地化的预算或专业知识。例如，对爱尔兰某酒店的一份全国范围的调查发现，只有 18% 的酒店在网站上提供非英语内容。[3]

第三个因素是利他主义。当出现上述商机丢失现象时，一些志愿企业会安排部分时间进行内容的本地化。对运行开源项目的 IT 行业（如 LibreOffice），这一点尤其明显。[4] 利他主义也适用于依靠积极的志愿译员的非政府组织（NGO）。奥布赖恩和舍勒（O'Brien & Schäler，2010：9）最近进行的一项调查发现："为'Rosetta 基金会'的事业提供支持和增加专业经验的机会，成为两个最大的激励因素。"此外，在大型营利性公司中，基于志愿者的合作翻译或众包变得越来越普遍。当产品不一定需要及时发布，或者产品本地化的投资回报率不能令人信服时，尤其如此（但是很多热心的用户愿意为本地化做出贡献）。

第四个因素，当地法律在确定是否和如何翻译或本地化内容方面都起着非常重要的作用，包括但不限于语言法、数据保护法和认证法。例如，法国的"杜蓬法"［全称是《法语使用法》（1994 年 8 月 4 日第 94 – 665 号法律（第 2条））］强制规定，在展示、提供或（如在用户手册或条款和条件中）描述产品或服务时应使用法语。[5] 在爱尔兰，《2003 年法定语言法案》对爱尔兰公民与使用爱尔兰语言的公共机构在互动方面规定了许多合法权利。[6]

数据保护法在数字内容的处理方面也起着非常重要的作用。例如，在德国，1978 年 1 月 1 日的《联邦数据保护法案》（Bundes daten schutz gesetz, BDSG）规定，除非法律明确允许或获得相关人员的书面许可，否则禁止收集、处理和使用个人数据。[7] 这意味着在针对德国市场进行应用程序的适应性改造时，必须从功能和地域角度进行适当的本地化。

认证法也可能对应用程序的本地化产生影响。例如，美国商务部提出，软件产品在中国销售之前，需要在中国软件行业协会注册，并获得信息产业部的批准。此外，美国公司还不能直接注册产品，必须通过中国企业进行注册。[8] 对于销售企业加密软件，这个过程甚至更为严格，因为它需要遵守《商业密码管理条例》。[9] 这表明，当地的海关和法规（包括测试和检验程序）会增加本地化项目的复杂性。虽然本书未对此类例子进行详述，但也很好地揭示了本地化不仅仅是翻译。

本地化行业还受到许多大型趋势的影响，其中包括移动平台的日益普及。这些趋势正在形成新的挑战，正在改变传统本地化目前的实施方式。范·吉纳比斯（Van Genabith, 2009：4）发现了其中的一些挑战，即"数量、访问和个性化"，1.1.4 节会进行简要的分析。

1.1.4 影响本地化行业的新挑战

数量方面的挑战源于每天在线创建的大量内容，这些内容不一定完全来自应用程序的官方发布商，也来自与应用程序的数字生态系统交互的众多参与者。此类内容的创建或更新速度使数量挑战雪上加霜。尽管应用程序（涉及两个版本之间的实质性更改）的发布周期通常是固定的，但是内容更新往往具有更多的增量特征，从而出现了更为连续或优先处理的本地化方法。Airbnb的杰森·卡茨 - 布朗（Jason Katz-Brown）就报告了优先处理的本地化例子，他承认 Airbnb 的"网站和移动应用程序拥有 40 万个单词的英语内容，所以他们无法在短短几天内将其全部翻译成日语。重要的是确定优先级，以便在发布之前将网站上最显眼的网页、电子邮件模板和核心流程顺利完成本地化"。[10]

个性化挑战主要是指单语内容处理（即根据特定客户的专业级别而不是他们的语言偏好或预期，对内容进行适应性修改或个性化）。本章前面提到的访问挑战是指人们是怎样越来越多地使用移动设备访问在线数字内容和与这些内容互动的。例如，事实证明，2011 年第四季度苹果 iPad 的销售量超过了惠普个人电脑。[11]这也体现在全球智能手机销售量的增长幅度上（2013 年第三季度销量约为 2.5 亿台，同比增长 45.8%）。[12]显然，全球的销售增长并不一致，亚太地区最为突出。这类在线数字内容以前称为互联网内容，但随着移动应用程序（或 APP）的出现，现在下面这个观点可能比十年前更有效，即"当我们讨论本地化时，我们再也无法明确区分软件和内容了"（Esselink，2003b：6）。这意味着必须重新审视当前的本地化流程，考虑这些变化对实际翻译过程的影响。与这个挑战相关的一个事实是，越来越多的设备（如计算机或移动电话）交互日益采取了非文本的方法。在 20 世纪 90 年代，消费软件应用程序往往会配有印刷的纸质手册，但在最近十年中，这些手册很多被电子格式（如 HTML 或 PDF）的文件所取代。在本书撰写之时再也无法确定这些基于文本的电子格式文件在 21 世纪前十年是否仍将占主导地位。最新的自然语言处理（包括语音识别和语音合成）技术的发展使基于语音的应用程序（如 Apple 的 Siri 或 Google 在 Android 平台上的 Voice Actions）得到普及。从本地化的角度来看，其中一些应用程序需要新的进程，因为简单地翻译计算机字符串，以便帮助最终用户使用应用程序或读取数字内容已经不够了。相反，应用程序必须配备（本地）资源（如文本、语音和图形），方便最终用户以有效的方式与内容进行交互。

除了上述核心挑战，还存在其他的挑战，如翻译流程的实施方式。协作翻译和本地化并不是新概念，因为它已经在 IT 开源项目（如 Mozilla 或 Linux）（Souphavanh & Karoonboonyanan，2005）或非营利项目（如 Wikipedia）中有效使用了许多年。然而，现在它在企业的营利环境中越来越受欢迎，如 Twitter 的翻译中心。[13]协作翻译有时难以与众包翻译区分开来，而众包翻译往往依赖于付费翻译（小额费用）而不是免费翻译。但是，通过这种方法获得报酬的译员可能并不都是专业的、经过认证的译员。这给专业译员带来了挑战和机遇。挑战在于，几年前需要专业技能完成的工作现在可由一些业余的双语爱好者更快、成本更低地完成。机遇是这些翻译的质量不能得到保证，所以可能需要译员具有审校或管理方面的专业知识。此外，翻译爱好者不太可能严格遵守各种最后期限，所以如果是交付时间非常确定的工作，还是会分配给专业译员。

最后，机器翻译（MT）日益成为本地化行业的主流。在 20 世纪 90 年代，翻译记忆成为事实上的技术，并在 21 世纪的全球管理系统（GMS）中获得普及。在过去的五年中，（在线）机器翻译系统的质量已大大提高（这主要归因于统计机器翻译取得的进步），这导致个人和各种组织在特定的情况下都依赖此类技术提供的（基本的）本地化内容。对于译员来说，今天和明天的挑战之一就是适应这样的技术，并了解有哪些可运用于这些系统的自定义机会，以便进一步提高质量。MT 的作用是以更引人注目的方式改变翻译过程，而且与 20 年前的翻译记忆相比，有过之而无不及。现在，很多数字内容通常都（使用机器翻译）进行预翻译，并让译员进行后期编辑。由于后期编辑过程有时太过枯燥和繁琐，很明显，对于译员而言，他们的机遇就是提高技术素养，在诸如文本处理（即使用编程方式操作文本数据）领域汲取各种专业知识，以便对预翻译过程获得更多的上游控制。通过更好地了解自动化可实现的结果，笔者相信译员可以专注从事他们最喜欢的领域，即翻译或参与其他语言活动（如翻译质量保证、翻译记忆维护或 MT 优化）。出于这个原因，本书的绝大部分篇幅侧重于介绍技术，以便让读者深入了解众多文字处理技术。本书的目标之一是为读者提供各种知识，这些知识单就执行翻译任务本身而言可能并无必要，但在特定情况下却是可以提供附加价值的。

1.2　为什么要写一本关于这个主题的新书

上文所述挑战都需要各种新的见解和解决方案，而其中一些已开始出现。21 世纪初，出版了一些具有开创意义的本地化书籍，包括艾斯林克

（Esselink，2000）的著作。虽然当时这本书非常切题，但其中一些内容如今已跟不上形势了，因为①它有很强的 Microsoft Windows 偏向，没有体现今天以异构应用程序为中心的世界中平台的多样性，以及②本地化流程和策略发生了巨大的变化。例如，随盒装软件应用程序一起提供的纸质打印文件（Esselink，2000：12）现在已经成为遥远的记忆，因为现在大多数的软件应用程序是通过网络下载提供的，用物理卡片就可以读取。在仍以 CD、DVD 光盘盒装形式发布销售软件应用程序的情况下，往往会将艾斯林克（Esselink，2000：12）描述的"在线帮助"以 PDF 文件的形式写入这些光盘（这里的"在线"是指数字）。这些内容包含各种指南或参考材料，通常可通过触发特定的命令（如单击"帮助"按钮）从应用程序本身进行访问。然而，最近这类内容已经越来越难以与应用程序发布商通过 Web 站点（如技术支持内容）提供的真正"在线"内容区分开。例如，最新版本的 Microsoft Office 可让用户通过多个内容源搜索信息，包括当前默认的用户硬盘文档内容及在线知识库。[14]

另一本重要的专著是萨伏莱勒（Savourel，2001）撰写的，它侧重于向技术型读者介绍可扩展标记语言（EXtensible Markup Language，XML）格式，却没有将侧重点放在具有翻译研究背景的读者身上。还有一本编辑成册的本地化项目管理书籍已出版（Dunne & Dunne，2011），但它没有涉及本地化流程中使用的翻译和文本处理技术。市面上还可以看到一本《跨学科的互联网本地化概述》（Jiménez-Crespo，2013：1），其主要目标读者是"对这一领域研究感兴趣的学生或学者"，而不是（准）专业从业人员。因此，亟需一本关于应用程序及其数字生态系统国际化和本地化的新书，专门介绍这些领域的新发展（如移动设备），并探讨如何应对本地化行业面临的新挑战。

1.3　概念性框架和关键术语

我们遇到的一个常见问题是，除了"翻译"，是否需要另一个术语？事实上，这个问题反映的是：为什么本地化与翻译不同？通常，术语本地化描述的流程不仅仅是使用计算机辅助翻译（CAT）工具（如 Wordfast）翻译简单的数字文档（如 Microsoft Word 文档）。[15]它往往还需要使用其他语言（和非语言）

活动（即使并不总是如此），才能根据产品或服务的非母语用户的需要对应用
程序进行适应性修改。为了简化和降低翻译流程的成本，并在一定程度上提高
可持续性，有时需要一些上游流程准备源语内容。这套流程通常称为国际化，
尤其是在 IT 行业，必须在本地化之前彻底完成软件的国际化。没有这个流程，
仍然可以进行本地化，但相关的成本和工作量将增加。其中还必须使用一些下
游流程，如语言质量保证流程，确保翻译后的产品或服务没有受到翻译流程的
负面影响。艾斯林克（Esselink，2003a：69）解释称，"本地化与翻译不同的
根本原因在于活动的性质（如多语种术语管理、项目管理、软件测试）、所使
用的技术（如软件翻译工具，CAT 或 MT）和项目的复杂性（项目巨大、文件
格式众多）"。由于所有这些活动都是相关的，它们可以用一个更通用的术语
涵盖，这个术语就是"全球化"。图 1.2 显示的是这个概念框架的一种表示方
式，并将在本书后续章节使用。

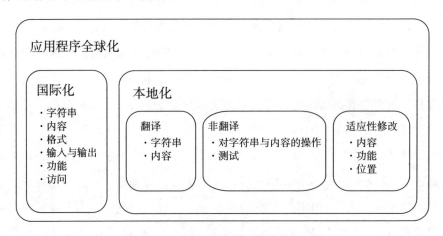

图 1.2　应用程序全球化的概念性框架

如图 1.2 所示，本地化活动分为三大类。第一类涉及翻译活动，可通过无
数的翻译工具（如翻译记忆和机器翻译）进行有效的提升和支持。这些活动
主要侧重于文本内容的翻译，如用户界面字符串和用户帮助内容。第二类涉及
非翻译活动，如文件处理和测试，这是将翻译活动的输出内容（译文）整理
成目标语文件所必需的。第三类在图 1.2 中称为适应性修改，涉及的是不属于
其他两类的活动。适应性修改活动包括非文本内容（如图形或视频）的本地

化和需要极高翻译质量的内容的翻译，这些内容可能需要进行"创译"。这是一个有争议的术语，托雷西（Torresi，2010：5）认为它是"一项重建整个宣传文字的活动，使译文在目标语言和文化中听起来既自然又富有创意"。有人认为，这个定义适用于一个标准的翻译活动步骤，但很少人会争论，在软件字符串和用户帮助内容的翻译方面，实际上几乎不是这样。

其他适应性修改活动可能与应用程序的实际功能（如必须查找特定语言区域的拼写检查器资源）或位置（适用于 Web 应用程序）有关。然而，应当指出的是，有时会由于预算在本地化流程中忽略这些活动。尽管使用翻译字符串替换源语字符串的流程已很完善，并且从资源的角度来看还比较具有可预测性，但功能和位置的适应性修改仍需要一系列完全不同的技能和资源。

图 1.2 所示的分类可能由于其中两类出现重叠而有争议（例如，查找特定语言区域的相关详情，如技术支持联系电子邮件地址，到底是翻译任务还是适应任务），但目前看起来，似乎已足以涵盖广泛的本地化活动。本地化不仅是从零开始创造一个全新的产品，有时需要从零开始创建一些新的部分，以便补充或取代现有的翻译部分，满足当地的期望或遵守当地的法律法规（如撰写最终用户许可协议时，就需要考虑当地的法律要求）。

1.4 目标读者

本书非常适合学习书面翻译或多语言计算课程的老师和学生、刚毕业的译员甚至经验丰富的自由职业者。在 21 世纪初，艾斯林克（Esselink，2003b：7）曾经这样预测，"译员将具备处理本地化语言任务的能力，并且工作内容也会越来越集中于这项任务"。因为本书侧重介绍本地化的一些技术方面的内容（这也是自由译员通常极少参与或控制的领域），所以读者一开始可能不了解如何运用这方面的知识。这主要因为如下三个原因：

首先，翻译流程中使用的技术相当复杂，因此非技术人员难以掌握。例如，MT 及其无数的实施细节需要具备快速学习新工具的能力，而不能影响生产效率和质量。因此，能够轻松地使用定义明确的语言资产更新机器翻译系统的翻译，就可以为机器翻译推动下的本地化流程带来增值（这可能需要也可能不需要后期编辑）。

其次，根据现有的统计，大量的内容要在有限的时间内进行翻译和检查，有时要安排审校人员侧重检查这些内容中相关性最高的部分。例如，检查安装指南警告部分的准确性要比检查应用程序用例描述部分更重要。凯瑞·J. 邓恩（Dunne，2011a：120）将翻译交付时间压力确定为一个重要因素，他认为"在当前的翻译和本地化服务市场中，时间可以说是最关键的限制因素"。翻译质量保证流程中开始越来越多地使用（半）自动的数据驱动的方法。这表明，在确定值得花时间的内容方面，必须同时具备技术和语言技能。从头到尾手动读取文档已不实用，需要新的策略。

最后，在本地化项目中，翻译流程的技术复杂性会随着参与人数的增加而加剧。当缺乏具有正式的翻译背景或专业知识的人参与时（如众包），这一点变得尤为明显。如果需要保持翻译的一致性，在协调术语或风格时就会遇到挑战。另外，还需要制订有效的策略，快速检查和编辑大量的内容。

某公共群组（LinkedIn）最近的一次对话表明，有些翻译很难找到优秀的、与翻译相关的技术主题培训。[16]这种情况还可能因为译员极少获得待处理的源语文件而恶化。在分散的外包流程中（此时客户和译员之间存在多个中介机构），译员一般情况下可能接收不到软件资源文件甚至用户帮助源语文件。相反，他们收到的是含有可译文本的项目文件。然而，得出这样的结论可能为时过早，尤其是当译员直接与客户工作或要翻译的内容具有技术性质时，全面的译员时代已经过去。

因此，本书构思时考虑了两类读者：专业人士和志愿者。本书撰写时也充分考虑了易读性，这样刚毕业但尚未接受专门的软件应用本地化培训的译员及职业生涯之初就愿意从事这个领域的译员可以将其当作一种资源使用。它还非常适合专攻其他领域但希望开始翻译数字内容（如软件产品或网站）的自由译员。从事数字内容管理领域工作的其他专业人士（如技术传播者、应用程序开发人员或项目经理）也可以从阅读本书中获益。虽然有些专业人士不会负责翻译他们制作或管理的内容，他们仍将从了解下游流程必须应对的挑战中受益。本书还考虑了其他读者，如具有专门技术或语言兴趣、参与同时需要国际化和本地化活动的非营利性工作（如非政府组织和开源项目）的翻译志愿者。本书选择的例子实际上非常偏向于开源技术，这也是一种对整个开源社区的回馈。

1.5　结构及主要内容

本书除第 1 章外的其余部分分为五大章节和结论，所有主要章节都配有任务，以便读者通过动手练习对所学的内容开展实践。

第 2 章侧重于各种专业实践，以便让读者概括了解一些从事本地化行业必备的技术技能。要成为一个优秀的专业领域译员，知道两种自然语言并进行互译还不够。第 2 章解决了这一问题，其中将介绍基本的编程概念，包括文本处理概念，这样译员可以更加轻松地处理用于写入应用程序的编程代码片段。第 2 章简要介绍了软件开发概念、编程语言、编码、字符串、文件和正则表达式。为了通过范例说明这些概念，本书使用 Python 编程语言。Python 是一种流行的语言，它有着易于使用的美誉，特别是对于非程序员。[17] 不过，Python 编程语言的一个重要特征是目前正在经历显著变化。像其他编程语言（以及某种程度上的自然语言）一样，该语言过去数年内为考虑新的用户需求进行了演化发展。这些要求产生了一些兼容性问题，妨碍了某些用户升级到 Python 编程语言的最新版本。这意味着，该语言的两个版本必须在可预见的将来共存。在本书中，笔者决定把重点放在 2. x 版本（其中 x 表示小版本号，如 6 或 7），而不是 3. x 版本。这种选择主要是出于这样的事实，一些库或框架（即现有代码功能的集合）只支持 2. x 版本。即使本书采用了较低的版本，并不意味着本书所涉及的主题将很快过时，2. x 版本的支持实际上最近已延长到 2020 年。[18]

第 3 章着重介绍"国际化"下的国际化问题和解决方案。根据此前使用过的术语（Pym，2004：9i），本地化流程旨在将排除型语言区域转换为参与式语言区域，而不是观测式语言区域。由于这个流程可能涉及多个语言的内容交付，内容所有者必须提前计划，以确保他们可以迅速满足所有的多语种客户。这一挑战常常与国际化的设计原则有关，第 3 章分别从三个不同的角度进行阐述。3.1 节通过一个具体的 Web 应用程序例子介绍了与全球应用程序开发相关的概念。3.2 节揭示了软件内容进行国际化时翻译和质量保证中涉及的挑战（如文字剪贴、字符串问题等）。3.3节探讨如何国际化其他内容类型（如用户帮助的内容）及简化翻译流程（从时间和成本角度）。在本书中，用户帮助是指公司或开发商为记录其产品或服务而制作的文本信息内容（包括发行说明、用户指南、教程、常见问题解答、技术支持文件）。源语质量差（如不合语法或模棱两可的句子）会导致翻译流程中出现各种查询，而特定文化的内容（如非正式风格、讽刺）可能同样难以翻译。因此，有时会确定一些策略，确保用户帮助符合术语或文体指南的要求（Kohl，2008）。

第4章介绍基本的本地化流程，重点描述翻译活动及与文本内容相关的非翻译活动（如图1.2中的定义），并重点指出一些与各种内容类型相关的翻译挑战。例如，在使用移动平台时，会出现特定的可用性问题：翻译软件字符串时是否应该使用缩略语？4.1节介绍软件字符串即属于开发者为实现应用程序的可用性而创建的界面展示内容类别。4.2节侧重介绍用户帮助内容的翻译，广泛讨论翻译指南和自动化的作用。

第5章在两个面向本地化的章节——第4章本地化基础和第6章高级本地化——之间提供了一个缓冲。本章主要讨论用于支持第4章中介绍的一些活动的翻译技术，包括翻译管理系统、翻译环境和术语工具。随后是关于机器翻译的一个重要的讨论，介绍MT资源建设（其中的MT引擎会针对随后可能是间接翻译的流程进行优化）和MT译后编辑（作为一种直接翻译流程）之间的差异。最后讨论本地化中的翻译质量保证策略和标准。

第6章承接第4章的内容，介绍图1.2中"适应性修改"下列出的三类本地化活动。6.1节简要讨论非文本元素（如图形和视频）的适应性修改。6.2节概要介绍各种文本转换技术，涉及高级本地化或适应性修改流程，简要说明个性化如何轻微地改变本地化的执行方式。6.3节侧重介绍为实现应用程序功能的跨语言化而进行适应性修改时（例如，修改自然语言资源，包括应用程序所需的停用词列表、语法检查器或语音命令）面临的挑战。除了加姆玛瑞斯（Giammarresi，2011：40）列出的工程方面的要求（如导入/导出方法、文本换行、搜索等），还有一些特定语言方面的挑战。6.4节侧重介绍应用程序位置的适应性修改，以便解决与用户体验和地方法规相关的问题。

1.6　未涉及的内容

在为新的市场提供软件应用程序或服务时，许多活动都属于全球化的范围。例如，建立一个本地支持团队（帮助用户）或财务团队（处理收入）等都可以描述为全球运营的范畴。然而，在本书中，"全球化"和"本地化"术语严格限于与应用程序及其数字生态系统直接相关的活动，不包括任何硬件相关问题的探讨。

本书的重点是数字内容国际化和本地化，重中之重是文本内容。本书是从内容处理的角度，而不是从项目管理的角度审视这两个主题，因为凯瑞·J. 邓恩和埃琳娜·S. 邓恩（Dunne & Dunne，2011）已广泛讨论了后一个角度。由于篇幅有限，本书无法涵盖所有类型的内容（特别是专有的多模态格式，如 Adobe Flash）。另外，目前尚不清楚未来是否仍然需要这些（目前用于发布视频的）专有技术来发布或消费多模态的内容，尤其是在出现如 HTML5 之类的开源技术后。[19]同时，本书也无法涵盖所有的文本种类。具体来说，将不会讨论视频游戏，因为这些内容已在钱德勒等（Chandler，2011）的书中进行了详细讨论。有关营销内容的翻译，请参阅托雷西（Torresi，2010）书中的讨论，而本书 6.2 节只会简单提及。由于本地化行业具有分散的特点，且这个行业使用的技术种类很多，值得重点说明的是，仅靠研究本书不会拿到实现职业成功的"钥匙"。但是，作者希望本书介绍的一些概念可在上述尚未详细展开讨论的情况中得到有效的应用。

1.7　约定

本书通篇使用如下几个约定：凡是不常见的单词、术语或例子都清晰地使用斜体字①进行了标记；对在编程上下文（如 Python 代码）中具有特定含义的字符或短语使用粗体②予以标识；各种资源的链接（如工具或特定内容）以章后注释形式提供。由于提供的链接众多，所有链接都会有一个适用的最后访问日期（如 2014 年 7 月 15 日）。本书还配有一个基本网站，供读者参考使用

---

①② 本书英文原版中使用了斜体字和粗体，译为中文版时根据中文表达习惯进行了调整，仅保留英文原文，未使用斜体和粗体。——译者注

（例如，提供勘误表和各种资源链接，包括本书中使用的代码段，避免不必要的键盘输入）。[20,21]

注释

［1］参见 http://www. gnu. org/software/gettext/manual/gettext. html#Concepts。

［2］参见 http://www. commonsenseadvisory. com/AbstractView. aspx? ArticleID = 1416。

［3］参见 http://www. cipherion. com/en/news/243-more-irish-hotels-catering-for-non-english-speak-ing-tourists。

［4］参见 http://www. libreoffice. org/community/localization/。

［5］参见 http://bit. ly/x3NmJH。

［6］参见 http://www. culturalpolicies. net/web/ireland. php? aid = 519。

［7］参见 http://www. culturalpolicies. net/web/germany. php? aid = 518。

［8］参见 http://1. usa. gov/1wzTgsX。

［9］参见 http://www. oscca. gov. cn/index. htm。

［10］参见 http://nerds. airbnb. com/launching-airbnb-jp/。

［11］参见 http://www. telegraph. co. uk/technology/apple/9039008/Apple-iPad-outselling-HP-PCs. html。

［12］参见 http://www. gartner. com/newsroom/id/2623415。

［13］参见 http://translate. twttr. com/welcome。

［14］参见 http://support. microsoft. com/。

［15］参见 http://www. wordfast. net/。

［16］参见 http://www. linkedin. com/groups/Why-is-so-difficult-find-44105. S. 42456766。

［17］参见 http://www. tiobe. com/index. php/content/paperinfo/tpci/index. html。

［18］参见 http://hg. python. org/peps/rev/76d43e52d978。

［19］事实上，Adobe 最近已通过公告证实它正在停止开发适用于移动设备的 Flash Player，因为替代方案 HTML5 技术已得到普遍支持，详情请见：http://blogs. adobe. com/con-versations/2011/11/flash-focus. html。

［20］代码（包括命令）均按"原样"提供，没有任何明确的或暗示的保证，包括但不限于对适销性、适用于特定用途或非侵权性的保证。在任何情况下，本书作者或其版权所有者概不承担因为代码、代码使用或代码的其他交易而引起或与之相关联的合同、侵权行为或其他方面的行为所导致的诉讼而出现的任何索赔、损害赔偿或其他责任。

［21］参见 http://localizingapps. com。

2 编程基础知识

　　译者仅拥有语言技巧是远远不够的，专业领域的知识同等重要，因此成功的译者通常是改行做翻译前曾在特定行业工作的人。信息通信和技术（ICT）领域的软件（应用程序）本地化，优秀的技术能力不可或缺。这些技能包括标准的计算机操作能力（能够在多种环境中操作或者能够很快适应翻译工具提供的一系列新的功能）和自动文本处理能力（能够迅速处理大量的数字文本）。缺乏对技术的热爱，想在软件本地化行业中以职业译者的身份开拓职业生涯可能会很困难。主要原因有两个：第一，要翻译的内容往往是技术性的，所以熟悉或具备一些相关领域的专业知识是必需的；第二，这个行业使用的工具和流程在以疯狂的速度发生变化。这意味着，译者需要始终了解这些工具的最新发展，如果特定工作需要，必须准备好从一个版本切换到另一个版本。翻译相关任务的例子包括能够掌握新的在线翻译记忆应用程序，修改由众多非专业译者提交的译文文本，或针对特定的内容类型自定义机器翻译系统。总之，本地化行业的现代译者必须做好迅速适应各种新情况的准备。

　　本章分为五节，旨在让读者掌握前面提到的一些技术技能。2.1 节简要概述目前软件应用程序（或应用程序）开发的趋势。2.2～2.6 节简要介绍编程语言、编码、软件字符串和文件，以便为读者提供所需的最低限度的技术知识，使其放心地开展应用程序组件的本地化工作。其中，重点介绍 Python 编程语言。虽然本章会介绍 Python 编程语言的基本概念，但内容水平可能不足以让读者从头开始学习该语言。因此，建议使用在线学习环境（如 Codecademy 网站的 Python 频道）补充相关的知识。[1] 2.7 节介绍使用正则表达式的高级文本操作技术，这在处理大量数字、文本文件时非常有用。提供的大多数示例涉及

命令行环境，这与基于鼠标的图形环境非常不同。以前从未使用过这种环境的读者可能需要先利用相关在线教程熟悉环境。[2,3]

2.1　软件开发趋势

软件业当前的趋势之一是基于桌面的应用程序越来越多地被基于云的服务取代，这些服务可以经由客户端应用程序（如 Web 浏览器）访问。这些基于云的服务依赖于软件交付模型，其中软件和相关的数据集中托管在云的远程计算机（服务器）上。尽管托管邮件服务（如 Yahoo! Mail）已经使用了很多年，可扩展的协作文档编辑或共享服务（如 Google Docs 或 Dropbox）都是最近才推出的，但已与传统的桌面产品（如 Microsoft Office）直接竞争，而这些传统产品正是消费者购买电脑的首要原因。这种趋势正在影响应用程序提供给最终用户的方式。以前，在"瀑布式"开发模式下，应用程序往往会选在特定的日期（如每年某个日期）发布。该模式基于连续的流程，其中的进展又基于多个阶段，包括需求收集、设计、实施、检查、发布和支持。这意味着，无论何时发布主要版本，最终用户都必须安装新版本。但是，越来越多基于互联网的应用程序正在以增量方式更频繁地进行更新，有时每天几次，这意味着用户不必关心新版本的安装。借助于这种迭代和增量模式，用户始终可以享受最新功能的好处，虽然新功能可能没有经历完整的验证流程。不过，软件开发商可以从用户的使用过程中了解相关情况，并在下一个开发周期中改进这些功能。凯瑞·J. 邓恩（Dunne，2011b：116）将迭代模型定义为"一系列迭代或短开发周期，每一次都在不完整的解决方案上构建，使其逐步接近完整的解决方案"。这种迭代模式是许多软件开发框架的一部分，如敏捷开发就是基于灵活的变化响应而构建的。敏捷软件开发包括一组基于迭代和增量开发的软件开发方法，其中的要求和解决方案变化极为迅速。此类软件开发实践的变化已从规划、资源的角度对本地化和翻译实践产生了影响。

另一个趋势是，软件发布者要面向各种平台，而过去他们可能只需要集中应对一个或两个平台。虽然基于 Windows 的个人电脑在 20 世纪曾是占主导地位的消费计算工作环境，但是新的环境最近已流行开来，移动设备（如平板电脑或智能手机）的环境尤为突出。市场的碎片化意味着新的操作系统（如Android 和苹果的 iOS）已经改变了以前微软商业软件独步天下的格局。这个问题的一个解决方案是开发可以通过任何 Web 浏览器访问的互联网网站（或Web 应用程序）。这意味着，无论桌面［Windows、Linux 或（Mac）OSX］或移动设备（Android、Windows Phone、iOS）上使用的是何种操作系统，用户都可以使用自己选择的 Web 浏览器访问此站点或应用程序。当然，浏览器之间存在差异，所以不会总以相同的方式呈现页面，而一些用户可能无法访问给定Web 应用程序的所有功能或信息。要解决这些问题，软件发布者必须创建为特定平台优化的本地应用程序。面向多个平台意味着开发成本增加，所以通常使用分阶段的方法：先针对一个平台，然后添加其他平台。在某种程度上，这个流程类似于本地化的执行方式：先以一种语言发布应用程序，一旦很受欢迎或成功，再添加其他语言。

就软件开发而言，项目往往会使用至少一种编程语言来创建一个封装所有功能的应用程序。基于 Web 的项目在很大程度上也要依赖标记语言（如超文本标记语言，HTML）来创建最终用户所见的可视界面，以处理各种内容（如在线报纸网站）或实现相关功能（如使用聊天应用程序与好友沟通）。通常，这些应用程序包含各种文本片段（称为文本字符串），帮助用户在页面之间导航。尽管软件发布者可以为其最终用户提供任何界面，但他们往往倾向于依靠现有的概念和最佳做法，确保他们的用户在首次使用应用程序时不会太迷茫。当前，应用程序第一印象不佳极易导致卸载并选择安装另一个应用，因此这一点显然变得更为重要了。

2.2 编程语言

现有的编程概念和做法会因操作系统的不同而不同（如 Windows 和 Linux），这种差异反映在为略有不同的概念进行类似命名的方式上。命名当然是极为重要的，因为文本字符串会在应用程序中给用户提供全程引导，所以值得思考一下这些名字的由来。如前所述，编程语言用于开发软件应用，而这些语言是用来在应用程序内创建功能的。它们可用于编写各种代码片段，当用户点击图形环境中的特定项或在命令行环境中输入特定命令时，计算机将执行或运行这些代码片段。编程语言要依靠一系列预定义的关键词，但程序员（也称为开发人员）通常自由使用任何名称对他们创建的功能进行跟踪。例如，一组编程命令通常会组合成一个函数（也称为"方法"），必须对函数进行命名。程序员往往会给这些函数选择一些含义明确的名称，但这些（短）名称有时是保留字，用于给界面中的菜单、窗口或按钮做标记。一旦在界面中使用，可能就必须以自述文件、帮助文件或截屏的形式进行记录，所以它们的使用会变得更加频繁，最后逐步成为通用词。以动词"debug"（调试）为例，它可能源于名为"debug"的函数，这个函数的设计初衷是使用特定的代码块查找软件问题（或"bug"），然后慢慢成为常用词，用来指代通过任何程序发现问题这一流程。

目前存在的编程语言已为数众多，在读者阅读本书的过程中，可能还有很多新的语言正在被设计开发。很显然，不是任何人都能掌握所有编程语言，这一点和自然语言一样；但是可以学习关键概念，并初步了解代码要实现的功能。从本地化角度来看，语言（及其各自特征）的繁多意味着工具和人都必须能处理这些需要进行语言顺应性修改的元素。为了更好地理解最后一句，建议查看代码示例 2.1 中的代码段，即可从程序员的角度更好地了解一个简单程序的内容，并逐步厘清其中哪些元素需要进行语言顺应性修改。这个例子是用 Python 编程语言编写的，选择 Python 编程语言的原因已在 1.5 节中提及。

在代码示例 2.1 中，每个行包含一个指令，并由 Python 解释器按顺序解释。作为一种程序，Python 解释器将这些人类可读的语句转换成二进制代码，这些代码使用二进制数字系统的两个数字（0 和 1）表示计算机处理器指令。如果看这三行 Python 代码，会发现大部分其实都是英语单词。显然，这些单词的使用含义不同于字典中的标准含义。例如，第 1 行中的 re 本义是音符，而在代码中完全不可能是这个意思。相反，它是正则表达式（Regular Expressions）的缩写，而正则表达式是一系列文本操作技术，将在 2.6 节介绍。第 1 行代码表示必须将支持正则表达式的功能导入当前程序。实际上，这里的 import 是 Python 保留的一个关键词，表示它在所有 Python 程序中都具有一致且特定的含义。第 2 行的"name"不是 Python 保留的关键词，这个标识符（也称为"变量"）指某些类型的数据对象。

```
1 import re
2 name = "Johann"
3 print "Hello from" + name #print text to standard output
```

代码示例 2.1　开发人员角度的 Python 代码示例

高尔德（Gauld, 2000）使用如下类比来定义变量："数据存储在计算机的内存中。打个比方，这就像收发室里的邮件墙，上面挂满了分拣邮件用的邮件袋。你可以在其中任何一个袋里放一封信，但是除非给这些邮件袋打上目的地地址标记，否则毫无意义。变量就是计算机内存中各个'邮件袋'的标记。"对于这些函数，应以同样的方式赋予有意义的名称，并应仔细选择变量名称。使用单字母（如以 s 或 t 取代 substitution_name 或 timing）作为短名称开始时会节省一些键入时间，但当其他人（或同一个人几个月后）阅读这些代码时可能会产生理解问题。

在某些编程语言中，所用的每个标识符都有类型声明信息，用于表示该标识符包含的是字符串（如"Johann"）还是数字（如"3"）。而有些语言（如 Python 或 Perl）则没有这些声明，这意味着它们的程序会更加紧凑。Python 中约定字符串是以单引号或双引号开头和结尾的字符序列。在这种情况下使用引号字符时，它们采用的是特殊含义，目的是通过解释器确定字符串的开始和结束位置。第 3 行语句表示让程序通过执行本段代码打印一条消息。在这种情况下，保留关键字 print 不是指打印机，而是指程序用于写入输出数据的标准输出通道。在命令行程序中，此通道通常是文本终端（计算机控制台）或文件。

从语言适应的角度来看，有些元素可译，因为它们最终要供除源语（如英语）之外的其他语言的使用者阅读，而另一些元素则不可译，因为这些元素最终由程序解释，而程序只能"理解"有限的指令集。例如，第 1 行中的元素是不可译的，因为该行用于指示程序使用特定的资源。第 2 行只有一个元素（即字符串"Johann"），是可翻译的。显然，这是一种特殊情况，因为这个字符串是一个专有名词（即姓名），在翻译过程中可能不会被译出。但是，如果将"name"变量从 Johann 改为 world，那么很有可能需要翻译。第 3 行既包含不可译元素（print + name），也包含可译元素（如"Hello from"字符串）。该行的最后部分（即#字符之后的部分）是一个解释代码执行内容的注释。程序员经常基于下列目的使用此类注释：①向其他程序员告知一些功能（特别是在涉及多名程序员的大型项目中）；②为自己留笔记，方便自己几个月（几周甚至几天）后记起这些代码的功能。从本地化的角度来看，这些注释可视为可译内容，也可以视为不可译内容，取决于这些代码将如何使用。例如，如果将这段代码作为示例提供给客户进行特定功能展示，则最好（根据客户的语言偏好）将注释翻译出来。如果以编译形式将这段代码发布给客户，翻译注释就没有多少意义，因为永远不会有人看到这些注释。如果上述解释听起来有点复杂，不用担心，因为本章将详细介绍运行第一个 Python 程序所需的步骤。这同样适用于下一节将要介绍的一些示例。

2.3　编码

本节属于半技术性的内容，分为两部分：第一部分概括介绍编码的一般知识，包括常见编码格式的讨论；第二部分提供了一些使用 Python 编程语言处理编码的实例。

2.3.1　简述

2.2 节通过一个高级编程语言 Python 示例初步介绍了一些关键的编程概念，包括语句、变量和字符串。本节将介绍更复杂的概念，如文本文件操作，就必须围绕编码的概念进行阐述。根据维基百科的定义，编码"由代码组成，它将给定指令系统中的每个字符与其他内容——如位模式（……）——配对，以便通过电信网络传输数据（通常是数字或文本）或进行数据存储"。[4] 在代码示例 2.1 介绍的例子中，所用的数据已显示在程序中（如"Johann"）。但是，应该予以处理的数据大多数情况下来自外部（如文件）。在这些情况下，重要的是要知道这些文件使用的编码，以便准确地处理数据。这个任务可能听起来微不足道，因为大多数程序（如文字处理程序或文本编辑器）经常会在打开文件时推测文件的编码，但在使用编程语言时必须指定应使用哪种编码。在介绍 Python 编程语言中的编码工作原理之前，将先通过在两个综合性在线资源中查找到的内容介绍有关编码概念的更多背景信息。[5,6]

　　为了避免本地化项目中出现字符损坏问题，必须了解编码。当原始程序不能兼容源语语言中所用编码之外的其他编码时，就可能出现这些问题。在这种情况下，译者基本上无能为力。不过，如果有文件操作要多次转手［包括人员（如译员）和系统］，也会发生问题。如果文件的保存编码不同于本地化指南指定的编码，则可能会在稍后的本地化工作流中出现问题。处理多语言文本时，必须解决与编码有关的问题。如 2.2 节所述，计算机只能理解比特流（即 1 或 0）。字节是比特的集合，使用由八个比特构成的字节，对计算机中的单个文本字符进行编码。大多数人只能理解几种自然语言，这些语言由许多字符构成，也可能使用许多字母。例如，日语用户非常熟悉表意文字（日本汉字），但也会依赖语音音标（如片假名和平假名）表达某些词（如外来词或功能词）。有时，日语中也会出现外语词（如英语单词），所以必须以通用格式表示这些字符，以使日本的计算机和其他国家（如德国）的计算机之间可以顺利地交换信息。目前，Unicode 标准支持使用多种编码交换这种多语言信息。[7] 例如，通用字符集转换格式 8 位（Universal Character Set Transformation Format 8 - bit，UTF - 8）编码已成为网页的首选编码。[8]

　　然而，计算机尚未联网时（未如此频繁地出现编码不兼容现象），情况截然不同。为了将字节（字节本身没有任何意义）转换为字符，需要进行约定。例如，英语使用的字母表主要是数量有限的字符，多年来一直都可以通过美国信息交换标准代码（American Standard Code for Information Interchange，ASCII）的小型紧凑代码进行编码。ASCII 代码将一个字节分配给特定字符（如给大写字母 B 分配的字节是 66）。其他语言也存在类似的代码，但每个代码只适合代表人类语言的一小部分。例如，8859 - 1 可全面覆盖诸如德语或瑞典语之类的语言，但因为缺少 o，e 之类的字符，只能部分覆盖法语。

　　此外，这种方法非常适合字符数量有限的语言（少于 256 个字符），但对于需要数千个字符（如中文和日文）的语言则不能正常工作。在中国和日本，这个问题是通过 DBCS 系统（双字节字符集）解决的，其中一些字母以一个字节存储，而另一些字母则需要两个字节。然后经过进一步演化，DBCS 编码转变成多字节字符集（如 Shift-JIS、GB2312 和 Big5），它们位于 Unicode 代码页之外，后者包含超过 65536 个可能的字符。

在 Unicode 中，一个字母映射一个码位，其中码位是一个理论概念。对于每个字母表，Unicode 联盟为每个字母分配了一个 U + 0639 形式的特殊编号。这种特殊编码叫作码位，Unicode 的容量为 110 万个码位。虽然其中 11 万个已被分配，但仍有空间应对未来的发展。这些码位必须编码为计算机能理解的字节。目前存在多种编码，包括 UCS – 2（它有两个字节）或 UTF – 16（它有 16 比特）的传统两字节方法，以及目前十分流行的 UTF – 8 标准。UTF – 8 编码很受欢迎，因为 Unicode 码位也可以在传统编码方案中进行编码，但是某些字母可能会消失。如果目标编码中没有对等的 Unicode 码位，会在该处显示一个问号"？"。

2.3.2　使用 Python 处理编码

本节介绍使用 Python 编程语言处理编码的各种策略。在本节中，大多数示例使用 Python Anywhere 在线环境键入（或复制和粘贴）并执行，2.7.1 节中"设置远程 Python 工作环境"部分对此进行了更详细的描述。[9]如果有兴趣复制本节提供的（部分）示例，请在继续进行任何进一步操作前了解此任务。以下先从图 2.1 所示的日语文本示例开始介绍。[10]

在 2. x 系列（这也是本书所用系列）的 Python 中，存在两种不同的字符串数据类型。纯字符串字面值（plain string literal）会生成存储字节的 str 对象。然而，使用 u 前缀会生成存储码位的 Unicode 对象。使用 \u 构造可在 Unicode 字符串中插入任何 Unicode 码位，如图 2.1 第 1 行所示。

```
unicode_string = u'\u3042\u308a\u304c\u3068\u3046'

print unicode_string
ありがとう

print len(unicode_string)
5
```

图 2.1　在 Python 中创建 Unicode 字符串

在本示例中，会创建一个包含 5 个码位的 Unicode 字符串，并存储在一个名为 unicode_string 的变量中。当使用第 2 行的 print 语句在屏幕上打印这个字符串时，会输出日文"谢谢你"。也可以使用下一行中的 len 函数检查此对象的文本长度。这个函数的输出结果是"5",因为该字符串包含五个实际字符(码位)。现在来看一个略有不同的例子,即读取一个包含同一文本的文件内容。其中将创建一个包含该日文词的文本文件,并将其保存为 UTF – 8 格式的"myfile"文件(以确保日文字符保存正确),如图 2.2 所示。再来看一下用于读取新创建文件内容的 Python 代码。代码示例 2.2 中包含的语句可实现这一目标。这一代码段的格式将在本书中广泛使用,该格式与图 2.1 所示的格式略有不同。代码示例 2.2 同时包含注释、语句(前面带有注释行"#In")和这些语句生成的输出(前面带有注释行"#Out")。该代码段会执行以下操作:在使用第 7 行 os 模块的 chdir 函数导航到该文件所在的目录之后,读取文件的内容,并将其存储在第 9 行的变量中。在本例中,目录(或文件夹)的导航是使用命令而不是图形文件导航器(需要多次点击)完成的。

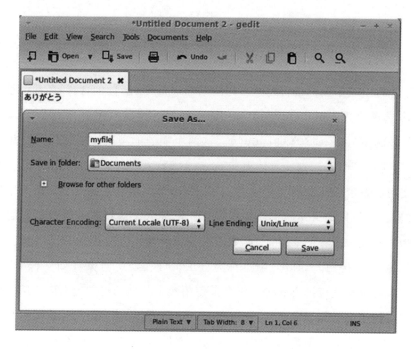

图 2.2 在文本编辑器中将文件保存为 UTF – 8 格式

```
1# ### Reading content from a file
2# In:
3file_path =r"/home/jchann/Desktop" #Adjust as required(e. g. r"C:\documents")
4# In:
5import os
6# In:
7os. chdir(file_ path)
8# In:
9my_string =open("myfile. txt". "rb"). read(). rstrip()
10# In:
11print len(my_string)
12# Out:
13#    15
```

代码示例 2. 2　　使用 Python 2. x 读取文件的内容

　　第 9 行引入了新的语言构造。尽管这里 open( )函数的含义一目了然（即通过 rb 选项以读取模式打开名为 myfile. txt 的文件），但在 open 函数后添加了两个额外的项，即 read( )和 rstrip( )。这两个额外的项也使用了括号，并以点号 "."进行了分隔。这些具体项和 open( )函数之间的一个区别是它们在本例中的使用没有带任何参数（或输入）。虽然 open( )函数需要一个文件名作为输入，但是 read( )和 rstrip( )的使用没有带任何输入，这意味着将使用它们的默认行为。例如，内置的 locals( )函数不需要任何输入即可返回有关各种变量状态的信息。read( )和 rstrip( )项都称为方法，可在特定对象（如字符串对象）上使用，并可按连续的方式进行组合。使用两个独立的行实现类似的结果也是完全可以接受的，但这些方法可将代码的执行链接起来。这意味着首先打开文件，然后将内容读取到字符串中，再删除文件末尾可能存在的任何空白字符（如换行符）。

　　重点看一下通过代码示例 2. 2 第 11 行的 print 语句生成的程序输出。该命令的输出是 "15"，而非代码示例 2.1 中返回的 "5"。这表明此命令并未将文件的内容当作码位进行处理，而是将其视为一个 15 字节的系列。15 这个结果并不直观，因为 UTF－8 是可变宽度编码，意味着具有相同字符数的两个单词可以用不同数量的字节编码。为了以安全的方式处理文件的内容，也为了避免作出错误的假设，这里需要进行解码处理。例如，如果需要设计一个程序，提取文本文件中包含的每个日语单词的第二个字符，那么很容易提出错误的甚至无意义的信息。我们将使用 Python 语言提供的特别方法。为了处理字节字符串对象，可以使用 decode 方法将它变成一系列 Unicode 码位，如代码示例 2.3 所示。

```
1# ### Decoding strings
2# In:
3my_unicode_string = my_string. decode ("utf-8")
4# In:
5print len (my_unicode_string)
6# Out:
7#     5
8# In:
9import codecs
10# In:
11my_new_string = codecs. open ("myfile. txt","rb","utf-8"). read (). rstrip()
12# In:
13print len (my_new_string)
14# Out:
15#     5
```

代码示例 2.3　使用 Python 2. x 将文件内容解码为 Unicode 字符串

代码示例 2.3 中，第 5 行语句生成了想要的输出，即 "5"。这个简单的例子表明，为了准确地解码内容，掌握特定文件的编码非常重要。另一种文件内容解码方法是使用 codecs 模块中包含的另一个 Python 2 函数。要访问此模块，必须先进行导入，如第 9 行所示。下一语句（第 11 行）与代码示例 2.2 中第 9 行使用的语句非常相似。但是，这一次是使用指定编码（UTF－8）打开文件，以同时完成解码。如果检查第 15 行生成的对象长度，会发现再次输出了

"5"，这表明两种方法产生的结果相同。

在代码示例 2.3 中，假设文件的编码是 UTF – 8（因为这是保存文件时使用的编码）。如果在打开文件时使用了错误的编码（如 UTF – 16），就很容易遇到编码问题。

2.4 软件字符串

在上一节中介绍了软件字符串的概念，现在需要更详细地解释什么是字符串，以及它们在编程中的作用。在 Python 编程语言中，"字符串用于顺序记录文本信息以及任意字节的集合"（Lutz，2009：89）。以"this is a string"字符串为例，它是由各个字符串组成的一个序列，以字符 t 开头并以字符 g 结尾（从左到右）。由于字符串是单个组件的序列，可以通过位置访问这些组件。例如，如果想要访问该字符串的第一个字符，可以使用代码示例 2.4 中的第 3 行语句，会输出"t"。

```
1# ### Manipulating strings
2# In:
3print "this is a string"[0]
4# Out:
5#    t
6# In:
7print "this is a string"[0:4]
8# Out:
9#    this
```

代码示例 2.4 通过位置从字符串中选择特定字符

当处理每行包含一个句子的文本文件时，检查字符串的第一个字符会非常有用。在处理这些文件时，根据起始字符过滤相关行会派上用场。例如，如果想提取以"t"开头的所有行，则可以使用这里介绍的方法。请注意，位置的起点值是"0"不是"1"。在某种程度上，这就像建筑物的楼层，会因国家/地区的不同而有所不同。例如，在欧洲国家底层为 0 层，而在北美底层是 1 层。为了提取多个字

符，也可以定义较长的序列。例如，当想提取字符串的第一个单词时，可以使用第
3 行显示的语句，然后得到了"this"。请注意，指定的结束字符（4）实际上未包
括在结果中，这意味着子字符串将包含原始字符串第五个字符之前的所有字符
（但不包括第五个字符）。开始时，这可能有点不容易弄清楚，特别是第一个字符
的索引编号是 0 而不是 1，但经过一定的练习，这点不难记住。

字符串可以用在许多上下文中，不仅可以记录用于处理的文本信息，还可
以帮助用户与程序本身进行交互。例如，一个名为 secret. py 的小程序，如代
码示例 2.5 所示。

```
1#Small game program asking a user to find a random number
2
3#Tell program to import the "random" module
4import random
5
6#Generate a random number between 0 and 5
7secret_number = random. randint(0,5)
8
9#Question to the user
10question = "Guess the number between 0 and 5 and press Enter."
11
12while int(raw_input(question).strip())!=secret_number:
13    pass
14#Tell user that they have won the game
15print"You've found it! Congratulations"
```

代码示例 2.5 秘密游戏程序：开发者角度

这个程序非常简单，并如前所述，在以符号#开头的行中标有程序员的注
释。例如，第 1 行告诉读者，这是一个游戏程序，要求用户查找随机数字。第
1 行代码（语句）实际上在第 4 行，它通过导入功能提供一种机制，生成随机
数字。下一语句则在第 7 行，用于生成 0 ~ 5 之间的随机数字。随后的语句在
第 10 行，其中使用了字符串。该字符串用于回答程序向用户显示的问题。该

程序的下一部分（第12行）是核心内容。计算机擅长处理重复性操作，所以有时可将多个语句组合在一起，形成一个序列，只需对该序列指定一次，就可以连续执行多次。这样的序列称为循环，本程序使用的是 while 循环。该循环执行下列几个步骤：

1）向用户提出问题，并收集答案。

2）当用户按 Enter 键（回车键）确认答案时，删除任何不必要的字符。

3）使用 int 函数将答案转换为数字。

4）将转换得到的数字与（先前生成的）密码进行比较。

第四步有两个可能的结果：如果用户的答案与密码（通过! = 运算符进行比较）不符，则执行第13行代码，程序到此结束。这意味着该循环将返回第一步，并再次向用户提出问题。如果两个数字一致，循环退出，继续执行下一行。在这种情况下，程序确定猜测成功，并通知用户。该程序的第二个字符串出现在第15行，属于 print 语句的一部分，该字符串告诉用户游戏获胜。代码示例2.6显示的是用户玩游戏时看到的内容。

```
$ python secret.py
Guess the number between 0 and 5 and press Enter.2
Guess the number between 0 and 5 and press Enter.5
You've found it! Congratulations
```

代码示例 2.6　秘密游戏程序：用户角度（一）

代码示例2.6显示了多行代码。第一行开头是一个美元符号（＄），代表命令提示符，其后是执行程序的命令。有关命令行提示符的更多信息请参见2.7.1节中"设置本地 Python 工作环境"部分。接下来的两行是显示给用户的文本（以"Guess"开头并以"Enter"结束）和用户输入（本例为"2"和"5"）。在本例中，用户在两次尝试之后找到了密码。当程序第一次运行时，会向用户提出问题，用户输入的答案是"2"。这与密码不符，所以 while 循环再次运行，并重新提出问题。第二次给出的答案是"5"，与密码相符，因此循环退出，并向用户发出祝贺通知消息。

这个程序比较简单，运行也正常，但是可以做一些修改，使其更加灵活，简化将来的维护工作。这些修改引入了一个重要的编程和本地化主题：字符串组合（或连接）。

2.4.1 连接字符串

在代码示例 2.7 中，第 7 行引入了一个新的字符串。这个新字符串要求用户选择一个最大数字，而不是像程序的第一个版本一样使用默认的最大硬编码数字"5"。

```
1 #Small game program asking a user to find a random number
2
3 #Tell program to import the "random" module
4 import random
5
6 #Generate a random number between 0 and a number selected by the user
7 number_selection = "Select a maximum number:"
8 max_number = int(raw_input(number_selection).rstrip())
9 secret_number = random.randint(0,max_number)
10
11 #Question to the user
12 question = " Guess the number between 0 and %d and press Enter. " %
   max_number
13
14 while int(raw_input(question).strip())! = secret_number:
15   pass
16 #Tell user that they have won the game
17 print "You've found it! Congratulations"
```

代码示例 2.7　修改秘密游戏程序

根据维基百科的说法，"作为一种软件开发做法，硬编码指的是将任何可视为输入或配置的数据直接嵌入到程序或其他可执行对象的源代码中，或固定这些数据的格式，而不是从外部来源获取数据"。[11]简而言之，某些必定会随时间而变化（也可能是经常变化）的值有时会被硬编码到程序中，而这些值本应由用户提供或保存在文件（如配置文件）中，以便随时编辑，而无需更新程序本身。从维护的角度看，这种硬编码可能会出现严重的后果，因为任何一个无关痛痒的更新（如修改字符串中的单词或改变数字范围）都可能需要大量开发工作，特别是当这些值在程序中会重复多次时。为了解决这个问题，在程序的修订版本中使用了用户定义的数字，既提高了程序的互动性，又可能使程序更有趣。

　　然而，在程序中添加这个新功能会影响第二个字符串（即第 12 行"question"变量中的字符串）。这个字符串不在 0 ~ 5 取值，但包含一个所谓的替换标记或"占位符"（%d），该占位符会根据用户的选择改变原字符串的取值范围。实际上，"Guess the number between 0 and %d and press Enter."（"猜一个 0 到%d之间的数字，然后按回车"）字符串后面就是另一个元素% max_number，它指示程序将%d替换成用户选择的任何数字，从而确定该字符串的格式。在这种情况下,% 成了一个替换操作符，其作用是将多个替换标记（如%d）换成整数（如"max_number"中存储的整数）。代码示例 2.8 显示了从用户的角度看程序中的替换标记是如何变成用户指定的数字"10"的。

```
$ python secret2.py
Select a maximum number:10
Guess the number between 0 and 10 and press Enter.2
Guess the number between 0 and 10 and press Enter.5
Guess the number between 0 and 10 and press Enter.8
Guess the number between 0 and 10 and press Enter.1
You've found it! Congratulations
```

代码示例 2.8　秘密游戏程序：用户角度（二）

　　现在可以轻松地修改程序，再让用户选择一个最小数字，而不是使用程序原来的默认值"0"。

　　于是，需要进行必要的更改，让程序记录用户的选择。此时上面的问题变量就变成下面这样：

```
question = "Guess the number between %d and %d and press Enter. " \
% (min_number,max_number)
```

这个简单的例子表明,从语言顺应性角度来看,在程序中引入灵活性(而不是依靠硬编码设置)会影响字符串的可读性,因为对于没有编程背景的人来说,无法一眼就看出%d代表什么。然而,这类字符串必须在本地化流程中翻译出来。有关如何处理此类结构的其他指导,将在4.2.2节中继续介绍。特定的语言标记通常在编程语言中用于在运行时(即执行程序时)连接字符串。当使用的标记太多或者这些标记没有一目了然的名称时,有时难以理解字符串到底应该是什么意思。下面请看代码示例2.9中的例子,并分析my_string的值是什么。

```
1 g = "is"
2 f = "Substitution"
3 my_string = "%s %s fun"% (f,g)
```

代码示例 2.9 字符串格式化示例(一)

正确答案是"Substitution is fun",因为其中的两个替换标记(%s)分别被f变量和g变量的值代替。这两个变量的值一个是"Substitution",一个是"is",详见第2行和第1行的变量定义。为了完整起见,Python编程语言中还有其他字符串格式化选项,这里有必要介绍一下这些选项,因为本地化项目中可能会出现这样的结构。为了提高程序的可读性,可以使用描述性名称而不是原始标记(如%s),如代码示例2.10所示。这个示例与代码示例2.9的不同之处在第3行,其标记更详细,但是my_string的值仍然是Substitution is fun。其中代码没有使用%s,而是使用了%(topic)s和%(copula)。然后,这些标记将替换为第3行%字符后的对象中包含的值。这个对象称为字典,因为它包含任意数量的键值对。从翻译的角度来看,这类演示非常有用,因为即使没有访问f和g的值,字符串"%(topic)s%(copula)s fun"比"%s %s fun"更有意义。虽然字符串翻译中没有翻译实际的单词topic和copula,但也可以让译员判断出翻译中是否需要改变字词顺序。

```
1 g = "is"
2 f = "Substitution"
3 my_string = "% (topic)s % (copula)s fun"% {"topic":f,"copula":g}
```

代码示例 2.10　字符串格式化示例（二）

格式化字符串的另一种方法是完全取消标记，如代码示例 2.11 所示。在这个例子中给出了两个选项，第二个选项比第一个更详细、更具体。正如将在 3.2.4 节进一步介绍的那样，从翻译的角度来看，第二个选项较好，因为它提供了更多信息，详细说明了这些单词必须在翻译时予以替换的含义。仅依靠 0 和 1 可能难以在翻译中对这些项目进行重新排序。

```
1 g = "is"
2 f = "Substitution"
3 my_string = "{0} {1} fun". format(f,g)
4 my_string2 = "{topic} {copula} fun". format(topic = f, copula = g)
```

代码示例 2.11　字符串格式化示例（三）

在这一点上，比较有效的做法是厘清标记类型和格式类型方面的一些问题。在我们介绍的前几个代码示例中使用的标记是%d，而在代码示例 2.9 中是%s。由于 Python 对象可以有不同的数据类型，可以使用许多不同的标记。到目前为止，我们的侧重点主要是字符串，但还存在其他数据类型，如浮点数（即带有小数部分的数字）。在 Python 语言中，两种不同类型的对象并不总是可以合并在一起。如代码示例 2.12 所示，第 1 行上的语句会生成一个错误（Type Error），而第 5 行语句会成功。当遇到错误时，解释器会解释说，字符串（str）对象和整数（int）对象不能连接（或合并）在一起。[12] 要想实现预期的合并，就必须用字符串表示整数 "3"，且应加上单引号或双引号。

实际上，这是在具有以下结构的初始程序（即代码示例 2.5 中的 secret. py）中必须解决的一个问题：

```
int(raw_input(question).strip())
```

```
>>> print"My favorite number is" + 3
Traceback(most recent call last):
File" < stdin > ", line 1, in < module >
TypeError:cannot concatenate 'str' and 'int' objects
>>> print"My favorite number is" + "3"
My favorite number is 3
```

代码示例 2.12　合并 Python 中的对象

　　在这行代码中，raw_input()函数用于从用户处捕获信息。系统会以字符串的形式捕获输入的信息，所以必须执行两个任务才能使用用户输入：首先，必须按 Enter 键删除任何潜在的新行，可以通过使用 strip() 完成；然后，将这个信息转换成一个带有 int() 函数的整数。完成这两个步骤后，就可以将输入内容与密码进行比较，看是否匹配。

2.4.2　字符串中的特殊字符

　　代码示例 2.7 显示，捕获的用户输入与提示用户输入数字的段在同一行上。从显示角度来看，可以按不同的方式向用户展示这一信息。例如，可以在代码示例 2.13 中所示的指令下方的行上捕获用户输入。

```
$ python secret2a.py
Select a maximum number:10
Guess the number between 0 and 10 and press Enter.
2
Guess the number between 0 and 10 and press Enter.
5
Guess the number between 0 and 10 and press Enter.
8
Guess the number between 0 and 10 and press Enter.
1
You've found it! Congratulations
```

代码示例 2.13　秘密游戏程序：另一用户角度

为了实现这一点，需要修改包含该指令的字符串，以插入一个新行。在 Python 编程语言（和其他语言）中，一般使用\n 转义序列控制新行：

```
question = "Guess the number between %d and %d and press Enter. \n" \
% (min_number,max_number)
```

转义序列包含的字符意义会发生变化，因为它们在前面是转义字符，在 Python 中就是反斜杠。当在 Python 字符串中使用\n 时，表示按 Enter 键后该字符串应显示一个反斜杠字符和字母"n"。但在本序列中，它会指示解释器在字符串的最后一个字符后插入新行。其他常用的转义序列还有 \t（表示制表符）和 \r（表示回车符）。反斜杠字符也可用于转义字符，可强制这些字符重新获得原本的含义。在 2.2 节中曾提到 Python 中的字符串必须以单或双字符开头和结尾。

然而，有时需要在字符串中显示这样的字符。此时，可以使用反斜杠字符，在数字前后插入双引号字符：

```
question = "Guess the number between \"%d \"and \"%d \"and press Enter. \n" \
% (min_number,max_number)
```

如果用户指定 0 和 10 为输入数字，当程序从 while 循环执行语句时，该字符串将显示如下内容：

```
Guess the number between "0" and "10" and press Enter.
```

从翻译角度来看，显然必须了解这些转义序列，以在翻译过程中予以保留（或仔细调整）。有关此主题的更多讨论请阅读 4.2.2 节。

2.5 文件

从事本地化行业工作的译员必须对文件格式有深入的了解。例如，2.4 节介绍了 Python 编程语言使用的文件通常以扩展名 . py 结尾，但是译员不太可能会拿到这样的文件进行直接翻译。就像我们将在 3.2.3 节中看到的一样，包含源代码的文件通常由程序进行分析，以提取可译资源。然后，以容器的方式向译员提供此类资源。容器有时也称翻译包。客户可将翻译包发送给众多利益相关方，包括语言服务提供商和译员。理想情况下，翻译包中应包含可译字符串及翻译过程中需要使用的任何资源，如词汇表、翻译记忆库、机器翻译建议和翻译指南。根据所包含的信息和内容的数量，翻译包可能在性质上有所不同：其中一些可通过在线应用程序提供给译员，其他的则会封装在专用文件格式中，且只能使用专门的桌面应用程序打开。最后，有些项目可能以开放格式进行封装，如可移植对象（PO）或 XLIFF 格式，这些格式将在以下两节详细讨论。

2.5.1　PO

PO 格式源于开源 GNU gettext 项目。使用 C、PHP 或 Python（通常是在 Linux 环境中）等众多编程语言的应用程序都广泛采用该项目进行本地化。[13] PO 文件（也称为目录文件或目录）都是文本文件，可以使用文本编辑器或专用程序如 POedit 进行编辑。[14]一个 PO 文件中会包含多个项，每个项由未翻译的原始字符串及其相应的翻译组成。在典型的 PO 文件中，项通常属于单个项目（即需要翻译的应用程序）。一个给定文件中的所有翻译对应的都是一种目标语言的译文，意味着将一个应用程序本地化为 N 种语言将需要 N 个 .po 文件，才能存储所有不同语言的译文。代码示例 2.14 显示的是典型的 PO 文件中的项或条目的结构。

```
blank line
# comments-by-translators
#. comments-extracted-from-source-code
#: origin-of-source-code-string
#, options-such-as-fuzzy
#| msgid previous-source-string
msgid "source-string"
msgstr "target-translated-string"
```

代码示例 2.14　PO 文件中的条目结构

条目通常用空白行隔开，前面一般是以字符"#"打头的许多注释。注释可由译员输入，也可以从源代码中提取，其中还包含其他信息，如源语字符串的起点（如包含该字符串的文件的文件名）。以 msgid 和 msgstr 开头的行分别包含源语字符串和目标语（翻译）字符串。

下一节将提供作为 XLIFF 标准基础的 XML 标记语言的更多信息。

2.5.2　XML

XLIFF（XML 本 地 化 交 换 文 件 格 式，XML Localization Interchange File Format）是一种 XML 文档，用于在本地化项目期间交换信息。[15] 为了更好地了解 XLIFF，有必要先解释什么是 XML。萨伏莱勒（Savourel，2001）指出，我们可以将 XML 描述成一种标记语言，包括两个不同的组成部分：第一个部分是元语言，其中句法规则可定义多种格式；第二个部分是可选的文档类型定义（DTD），它使用预定义的关键字（称为词汇表）定义特定用途的格式。XML 是元语言之一，这解释了为什么会存在多种类型的 XML 服务于截然不同的用途。例如，XSL（可扩展样式表语言）是一种 XML，用于将 XML 文档转换为其他格式，而 SVG（可缩放矢量图形）可用于处理基于文本和矢量的图形。

在软件发布行业，XML 通常用于创建源语文档（如"如何……"之类的主题），因为文档创建后可以转换为多种输出格式，如 HTML 页面或 PDF 文件。这意味着无需重复创建相同的信息。比较流行的用于源语文本撰写的 XML DTD 示例还包括 DITA（达尔文信息键入体系结构）、Docbook 和 oManual。[16-18] 代码示例 2.15 显示的是一段 DocBook 代码，文字周围带有标记。[19]

```
1 < para >
2     < indexterm xml:id = "tiger-desc" class = "startofrange" >
3     < primary >Big Cats </primary >
4     < secondary >Tigers </secondary > </indexterm >
5     The tiger is a very large cat indeed...
6 < /para >
7       ...
8 < para >
9   So much for tigers <indexterm startref ="tiger-desc" class ="endofrange"/ >.
10  Let&apos;s talk about leopards.
11 < /para >
```

代码示例 2.15　Docbook 代码片段示例

这个根据"GNU 自由文档许可证"条款提供的示例使用了许多标记。[20]
这些标记以"＜"字符开始，以"＞"字符结尾，并包含一些 DTD 的预定义
关键字。标记包含名称（如 indexterm），也可能拥有属性（如 class）。这些属
性具有附加性质，提供有关标记或标记内容的补充信息（可能是文本）。属性
具有各种值，如 startofrange，可用于存储元数据（即关于数据的信息）。这些
值可以预定义，也可以按自定义的方式使用。下面逐行分析这个代码片段，以
更好地了解每个标记的作用。

第 1 行包含一个没有任何属性的 para 起始标记。此标记用于创建标准的
段落元素（如在章节或文章中）。第 2 行包含一个 indexterm 起始标记，嵌套在
para 元素的下面（以缩进表示）。由于 indexterm 元素属于 para 元素，这种关
系通常定义为父/子关系。在此示例中，indexterm 元素是 para 元素的子元素。
此类元素用于标识必须置于文档索引中的文本。该 indexterm 元素有两个属性：
第一个是 xml: id，第二个是 class。这些属性的值分别是 tiger-desc 和 starto-
frange。如前所述，这些值提供了有关 XML 结构中包含的实际内容的附加信息
（称为元数据）。xml:id 属性的值和 class 属性的值表明 indexterm 指向的是文档
范围（而不是文档中的一个单点）。第 3 行包含另一个起始标记，这是 primary
标记，是 indexterm 元素的子元素。primary 元素没有任何属性，但包含文本内
容（"Big Cats"），该内容将显示在文档的索引中。最后，使用 primary 结束标
记表示 primary 元素的结尾。结束标记与起始标记类似，不同之处在于"＜"
字符后面多了正斜杠字符。与起始标记不同的是，结束标记不能有任何属性。
第 4 行包含 indexterm 的另一个子元素，即 secondary 元素。该元素包括起始标
记、文本内容（"Tigers"）和结束标记。最后，该行还包含 indexterm 元素的
结束标记。在 XML 文档中，句法结构取决于标记，而不是换行符或缩进，这
就是有时会在同一行上出现多个元素的原因。作为一种标记，该结束标记表示
与 indexterm 相关联的范围的开始。该范围从第 5 行开始，其中包含 para 元素
的文本内容。此处内容指的是一只老虎，因为文本一开始写的就是 The tiger is
a very large cat indeed…（老虎实际上是一只非常大的猫……）。该 para 元素在
第 6 行以结束标记结束。第 7 行包含多个椭圆点，表示该文档可能包含附加内
容，该内容仍然属于使用"startofrange"指定的范围。第 8 行以起始标记 para

开始了一个新的段落，接着是第 9 行的文本内容，仍然与老虎有关。第 9 行以 indexterm 元素结束，是一个空元素。空元素会包含一些信息（如属性值），但不包含任何文本内容。此类元素在结束字符 "＞" 之前有一个正斜杠，非常容易识别。此处的 indexterm 元素用于表示第 2 行创建的 "tiger-desc" 范围的结束。这可由第 10 行的文字内容证实，因为该行提及的是豹子。最后是本例第二段的结束部分，即第 11 行，带有对应的 para 结束标记。此例表明，XML 标记非常适合创建跨多个逻辑部分（如段落）的（隐形）边界。

在本地化行业，XML 也极为普遍，如 TMX 或 XLIFF 之类的 DTD 格式。TMX 是 Translation Memory eXchange 的缩写，表示翻译记忆库交换格式，最初由本地化行业标准协会（Localization Industry Standards Association，LISA）的特殊兴趣小组制定，该协会现已停止运作。[21]该格式可将翻译记忆数据库的内容导入另一个应用中。当项目涉及多个利益相关方时，可能会发生这种情况。其中一些利益相关方会对在翻译过程中使用的应用程序有一定的偏好。不过，为了重用其他应用程序中保存的以前的翻译工作，就需要导出和导入翻译记忆句段。这时 TMX 就派上用场了，它会提供一个现代大多数翻译记忆应用程序均可识别的容器（DTD）。代码示例 2.16 显示了一个根据 Creative Commons 3.0 BY-SA 许可的 Okapi 框架提供的此类文档示例。[22,23]

根据代码示例 2.15 的详细说明，很容易理解代码示例 2.16 中提供的 XML 结构。此示例包含两个 tu 元素，对应翻译单元。每个 tu 都包含两个 tuv 子元素，它们因 xml:lang 属性的值而有所不同。每个翻译单元第一个 tuv 元素的属性值是 "en-us"，第二个的值是 "de-de"。这些值指的是美国英语和德国德语语言区域，如相应的 tu 元素中显示的文本内容所示。每个 tu 元素还包含其tuid 属性的值和 prop 子元素（如句段所在文件的名称）中的附加信息（元数据）。

```
1 <? xml version = "l.0" encoding = "UTF-8"? >
2 <tmx version = "1.4" > < header creationtool = "oku_alignment" creation-
      toolversion = "l" segtype = "sentence" o-tmf = "okp" adminlang = "
      en" srclang = "en-us" datatype = "x-stringinfo" > < /header > < body >
3 <tu tuid = "APCCalibrateTimeoutActionl_sl2" >
4 <prop type = "Txt::FileName" > filel_en. info < /prop >
```

```
5 < prop type = "Txt::GroupName" > APCCalibrateTimeoutActionl < /prop >

6 < prop type = "Att::Test" > TestValue < /prop >

7 < tuv xml:lang = "en-us" > < seg > Follow the instructions on the screen.
   < /seg > < /tuv >

8 < tuv xml:lang = "de-de" > < seg > Den Anweisungen auf dem Bildschirm folgen.
   < /seg > < /tuv >

9 < /tu >

10 < tu tuid = "APCControlNotStableAction2_s10" >

11 < prop type = "Txt::FileName" > filel_en. info < /prop >

12 < prop type = "Txt::GroupName" > APCControlNotStableAction2 < /prop >

13 < prop type = "Att::Test" > TestValue < /prop >

14 < tuv xml:lang = "en-us" > < seg > Repeat steps 2. and 3. until the alarm no
        longer recurs. < /seg > < /tuv >

15 < tuv xml:lang = "de-de" > < seg > Schritte 2 und 3 wiederholen, bis der
        Alarm nicht mehr auftritt. < /seg > < /tuv >

16 < /tu >

17 < /tu >

18 < /body >

19 < /tmx >
```

代码示例 2.16   部分 TMX 文件

如前所述，XLIFF 在本地化行业广为使用。软件发布者或语言服务提供商可以从源语文件（包括代码和文档）中提取可翻译的内容。然而，实际的翻译要由译员完成，因此内容必须尽可能顺利地从一个利益相关方传输至另一个利益相关方（无任何信息丢失）。在这种情况下，可以使用 XLIFF 将信息从一个系统传输到另一个系统。使用 XLIFF 标准的系统有时需要对其进行扩展，以便添加特定系统的信息。为了实现这一点，可通过"命名空间"机制在单个 XML 文档中使用 DTD 中的词汇。在某些情况下，使用非 XLIFF 信息增加了复杂性，所以必须使系统了解这些额外的 DTD（但实际情况可能并不总是这样）。代码示例 2.17 显示了一个根据 Creative Commons 3.0 BY – SA 许可的 Okapi 框架提供的 XLIFF 文档示例。[24,25]

通过代码示例 2.15 和代码示例 2.16，读者应该非常熟悉代码示例 2.17 了。其中，前两行是指正在使用的 XLIFF DTD 版本和命名空间（即 "XLIFF 1.2"）。第 3 行和第 4 行包含项目级信息（即具有 original、source-language 和 target-language 属性的 file 元素）。文档的其余部分包含在由 trans-unit 元素组成的 body 元素中。

```
1  <? xml version = "1.0" encoding = "UTF-8"? >
2  <xliff version = "1.2" xmlns = "urn:oasis:names:tc:xliff:document:1.2" >
3  <file datatype = "x-sample" original = "sample.data"
4    source-language = "EN-US" target-language = "FR-FR" >
5  <body >
6    <trans-unit id = "1" resname = "Key1" >
7      < source xml:lang = "EN-US" >Untranslated text. </source >
8    </trans-unit >
9    <trans-unit id = "2" resname = "Key2" >
10     < source xml:lang = "EN-US" >Translated but un-approved text. </source >
11     < target xml:lang = "FR-FR" > text traduit mais pas encore approuvé.
         </target >
12   </trans-unit >
13   <trans-unit id = "3" resname = "Key3"approved = "yes" >
14     < source xml:lang = "EN-US" > Translated and < g id = '1' > approved
         </g >text. </source >
15     < target xml:lang = "FR-FR" >Texte traduit et < g id = '1' > approuvé
         </g >. </target >
16   </trans-unit >
17   <trans-unit id = "4" resname = "Key4" >
18     < source xml:lang = "EN-US" >Some other text. </source >
19   <alt-trans >
20       < source xml:lang = "EN-US" >Other text. </source >
21       < target xml:lang = "FR-FR" >Autre text. </target >
22   </alt-trans >
```

```
23   </trans-unit>
24 </body>
25 </file>
26 </xliff>
```

代码示例 2.17　XLIFF 文件示例

本节介绍了一些文件格式，更多内容将在 5.4.4 节介绍。本节已介绍了最重要的文件方面的概念，包括编码、词汇（保留关键字）和可译/不可译内容。虽然 XML 文档中包含的信息易于理解，但有时会令人目不暇接。当必须对这些文件进行更改时，可使用程序降低此类文件的复杂性（具体做法是解析文件并仅显示相关信息）。不过，这些程序并非适合所有的编辑任务（如跨多个文件的批量编辑），因此有时需要使用文本编辑器或自定义脚本对文件进行更改。大多数情况下，此类更改需要识别文件中的模式，因此下一部分将侧重介绍一个可做到这一点的强大工具，即正则表达式。

2.6　正则表达式

在源代码或标记文档中查找字符串相当具有挑战性，因此通常需要使用高级工具提取可翻译内容，3.2.3 节会进一步介绍。这些工具一般基于正则表达式。正则表达式提供了一种定义复杂模式的方法，可匹配特定的文本部分。实际上，如在 Microsoft Word 等应用中使用通配符进行文档搜索，或者使用命令提示符查找文件夹中的特定文件，如代码示例 2.18 所示，那么可能已使用了某种形式的模式匹配。

```
$ dir
Dropbox README.txt first.py mydocument.docx
$ dir *.py
first.py
```

代码示例 2.18　使用通配符查找文件夹中的特定文件

代码示例 2.18 包含两个 dir 命令的输出。dir 命令可以在多个平台（包括

Windows 和 Linux）上使用，通过命令行列出特定文件夹（或目录）的内容。但是输出中包含的可能并不总是相关的结果。此示例显示可以使用一种（定义为 ∗．py 的）模式仅显示以 ．py 结尾的文件。在这种特殊情况下，星号（或 ∗）用于指代所有字符组合，意味着返回所有名称以 ．py 结尾的文件（包括"first．py"）。

正则表达式的功能远远超过用于匹配任何字符或任意个数字符的通配符。然而，正则表达式的一个缺点是存在许多语法（或风格），具体取决于每个编程语言的实现。例如，正则表达式的 Python 语法与 Perl 编程语言使用的 Python 语法略有不同。但是，一旦掌握了这些概念，只需要很小的调整就可以轻松地从一种风格切换为另一种。在为本书专门设计的在线教程中提供了详细的说明（包括示例）。[26] 尽管对于读者来说看完该教程并非必要，但其他章节中会引用正则表达式，因此对这个工具有个基本了解还是大有裨益的。

2.7　任务

本节包含如下六个基本任务和两个高级任务：

1）设置 Python 工作环境。

2）使用命令提示符执行几个 Python 语句。

3）创建一个小型 Python 程序。

4）从命令行运行程序。

5）从命令行运行 Python 命令。

6）完成正则表达式教程。

7）使用正则表达式执行上下文替换（高级）。

8）处理编码（高级）。

2.7.1　设置 Python 工作环境

在本任务及本书的其余部分中，将使用 1.5 节提到的 Python 的 2.x 版本（其中 x 对应的是 0 ~ 9 的主版本号）。不同的版本之间有根本的区别，如 Python 的 2.x 和 3.x 会截然不同，所以如果要执行本书提供的示例，请确保选择 2. x 版本（如 2. 7. y，其中 y 对应的是 0 ~ 9 之间的小版本号）。设置 Python 工作环境的方法有两种：第一种是在本地系统（计算机）上安装 Python，第二种是使用基于云的服务。每种方法都有优点和缺点。如果使用基于云的解决方案，则需要具有相对较快的网络连接速度。虽然这在以前可能是一个问题（连接速度很慢而且不可靠），但如今的连接速度已大为改观，可令设备（如计算机）随时保持连接，因此此方法成为一种可行的解决方案。此外，这个解决方案意味着不必为安装或配置操心。如果仔细选择服务提供商，就会发现，使用在线服务比自己设置更容易。然而，在选择任何在线服务之前，显然应该确保同意它们的条款和条件。根据使用环境是本地还是远程，请转到对应的两个部分。

1. 设置本地 Python 工作环境

如果（桌面）系统运行的是 Linux 或 OS. X，则 Python 可能已安装到系统上了。如果想要检查 OS. X 系统上是否提供了 Python，可双击 Applications/Utilities/Terminal（应用/实用程序/终端）启动"终端"窗口。[27]然后，键入"python"并按 Enter 键。如果想要检查 Linux 系统上是否提供了 Python，可启动"终端"窗口，键入"python"并按 Enter 键。但如果运行的是 Windows，则不太可能安装 Python。若要安装，需要按官方 Python 文档所述方式从在线来源（如 https://www. python. org）下载。[28]因为 Python 是根据开源协议开发的，可免费使用和分发，甚至用于商业用途。这意味着可以在线获得多个版本（其中一些是免费的，而另一些版本必须付费才可取得）。按上述方式选择的版本应能执行本章提供的所有示例。安装 Python 最简单的方法之一是下载由 Python 社区维护的网站上提供的某个（2. x 版本）安装程序。[29]下载文件后打开，然后像任何其他程序一样安装 Python，并检查，看是否已正确安装。要执行最后一步，可启动命令行窗口。对于大多数系统，具体方法是：按 Windows 键 + R 键，键入 cmd 或 powershell，然后按 Enter 键。完成后，将显示一个黑色的窗口，方便输入命令。安装步骤可能会有所不同，具体取决于 Windows 版本，可以在线查找其他信息（如在 Windows 网站上）。[30]打开窗口后，键入 python 并按 Enter 键。如果收到关于 Python 未被识别为命令的错误消息，应检查环境变量设置，确保包含 Python. exe 文件的目录位于 PATH 环境变量中。[31]如果以前未如此设置过，可查看相关视频教程。[32]

无论使用的是哪种系统，如果显示命令提示符（显示有关 Python 版本的信息，以及在三个大于符号后面出现闪烁的光标），则表示设置成功，如代码示例2.19 所示，版本为2.7.6。本书使用的是 Python 的 2.x 版本，因此如果提示符显示 Python 3.x.x，则在示例中会出现问题。要解决此问题，可以尝试从命令行运行 "python2"。如果命令不成功，请安装 Python 2.x 版本。

```
$ python
Python 2.7.6(default,Mar 22 2014,22:59:56)
[GCC 4.8.2] on linux2
Type"help","copyright","credits" or "license" for more information.
>>>
```

代码示例 2.19   从命令行启动 Python 提示符

2. 设置远程 Python 工作环境

如果没有权限在自己的系统上安装程序，或者认为自己的系统不受支持，或者根本不想进行任何安装操作，可以考虑使用在线服务（如 Python Anywhere）。[33] 这种基于云的服务（必须注册账户、接受条款和条件）可在互联网浏览器中运行 Python 程序，无需在电脑上安装任何软件。如果拥有良好的互联网连接，并使用远程第三方硬件和软件处理计算活动，则此服务是一种可行的替代方案。显然，基于云的服务可能出现急剧变化（甚至停业），因此下面介绍的截屏内容可能与看到的不完全相符。在注册 Python Anywhere 账户后，可以启动一个 Python 2.7 对话框，如图2.3 所示。之后，将出现类似于代码示例2.19 所示的 Python 提示符。

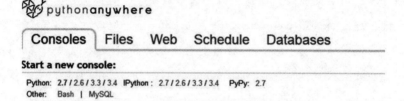

图 2.3   选择 Python Anywhere 中的控制台

2.7.2 使用命令提示符执行 Python 语句

无论是本地还是远程工作，Python 提示符都可以输入语句。标准提示符非常易于辨认，是一个在三个大于字符（>>>）后显示的闪烁光标。每次输入一个简单的 Python 语句，并按 Enter 键执行。

编程语言解释器对细节非常敏感，因此大小写、间距和标点符号极其重要。例如，代码示例 2.20 显示，将"print"改为"Print"会导致语法错误。

```
Python 2.7.6 (default, Mar 22 2014, 22:59:56)
[GCC 4.8.2] on linux2
Type "help", "copyright", "credits" or "license" for more information.
>>> print "hello world"
hello world
>>> Print "hello world"
  File "<stdin>", line 1
    Print "hello world"


SyntaxError: invalid syntax
```

代码示例 2.20　Python 语法错误

幸运的是，这种交互式解释器会生成一些信息，帮助发现出现问题的行。但自己必须明白，这个问题是由大小写错误引起的。这些问题要凭经验才能发现，但是之前很多用户遇到过类似的问题，因此可以在线获得很多信息。

如果使用的是上文提及的在线环境，那么可能已注意到，图 2.3 所示的 Python Anywhere 控制台选择页面中包含一些其他选项。其中一个是使用略经修改的 Python 版本，称为 IPython（Perez & Granger, 2007）。[34] IPython 提供了一个交互式环境，其中每行都带有编号，如代码示例 2.21 所示。

本章前面的大多数示例都是使用此环境创建的。这种环境的一个优点是，允许用户以用户友好的方式添加注释和保存代码段，以便和其他用户共享（如用于协作）。本章中使用的代码段均可在线查找，并可轻松复制粘贴。

```
Python 2.7.6(default,Mar 22 2014,22:59:56)
Type "copyright","credits" or "license" for more information.
IPython 1.2.1 -- An enhanced Interactive Python.
?          -> Introduction and overview of IPython's features.
% quickref -> Quick reference.
help       -> Python's own help system.
object?    -> Details about'object',use'object?? 'for extra details.


In[1]:  print "hello world"
hello world
```

代码示例 2.21　使用 IPython 环境

2.7.3　创建一个小型 Python 程序

　　2.7.2 节中介绍了如何使用交互式提示符输入命令。这种方法的问题是，一旦关闭或退出交互式会话，这些命令就会消失。为了解决这个问题，可以在程序文件中保存一些命令。Python 程序实际上是一组可由 Python 解释器执行的文本指令。本节将在文本编辑器中打开一个空文件，以此方式创建一个简单的 Python 程序（如 Windows 上的 Notepad ++ 、Linux 上的 Gedit 或者 Python Any-where 提供的在线程序）。[35] 要避免使用文字处理程序如 Microsoft Word，因为 Python 程序是一组纯文本指令，无需添加格式。在这个空文件中，键入图 2.4 所示的行，并以 first. py 为文件名将文件保存到选定的位置。由于使用的文本编辑器能够"理解" Python 语法，部分单词会突出显示。很多文本编辑器都提供这种功能，所以要确保选择合适的文本编辑器。

```
/ > home > j3r > scrap > first.py

1  greetings| = "hello"
2  name = "world"
3  print greetings + " " + name
```

图 2.4　使用文本编辑器编写 Python 程序

2.7.4 从命令行运行 Python 程序

本节将尝试从命令行使用 Python 命令加 first. py 参数运行该程序（该参数是程序的名称）。要使此命令运行成功，需要确保 Python 解释器找到 first. py 程序。如果此程序不在当前的工作目录中，将出现代码示例 2.22 中显示的错误。

```
$ python first.py
python:can't open file'first.py':[Errno 2]No such file or directory
```

代码示例 2.22　找不到 Python 程序

为了解决这个问题，可以采用两个解决方案。第一个解决方案是提供文件的绝对名称（包括它所在的目录）。如果使用的是 Windows 系统，应在文件名前后加双引号字符（如"C:\user\My Documents\first. py"）。第二个方案是（使用 cd 命令）将工作目录更改为包含 first. py 文件的目录。这两个解决方案显示在代码示例 2.23 中。

```
$ python/home/j3r/scrap/first.py
hello world
$ cd/home/j3r/scrap/
$ python first.py
hello world
```

代码示例 2.23　从命令行运行 Python 程序

如果决定将 Python Anywhere 作为工作环境，则需要启动一个不同的控制台，即 Bash 控制台，如图 2.3 所示。启动后，会显示一个命令行环境，供运行 Python 程序使用。请注意，此环境允许上传文件，甚至使用 Web 界面创建文件（使用图 2.3 中的"文件"选项卡）。

2.7.5 从命令行运行 Python 命令

在 2.7.4 节中，我们已经学习了从命令行运行程序（包含在文件中）。对于非常短的程序，执行命令有时会更快，而无需将它们保存在文件中。这种做法有时称为创建单行程序（One-liner Program）。在 Python 中，可以通过在 Python 之后使用 - c 参数实现，其中 - c 表示实际的程序是以单引号或双引号分隔的字符串传递的，如代码示例 2.24 所示。

```
$ python - c"print'hello world'"
hello world
```

代码示例 2.24　从命令行运行 Python 命令

也可以将分号作为分隔符执行多个命令，如代码示例 2.25 所示。

```
$ python - c"print'hello world';print'hello world'.count('c')"
hello world
2
```

代码示例 2.25　从命令行运行多个命令

显然，这种方法只能在命令相对较短或不想保存命令时使用。选择几个命令，然后花几分钟尝试一下，确保自己熟悉了这种运行命令的方法。

2.7.6　完成正则表达式教程

在本任务中应该完成正则表达式的在线教程。[36] 尽可能尝试练习一下提供的示例（如更改值），以便更好地了解概念。处理大量文本时，特别是他人创建的文本，这些概念会非常有用。在修改文本时，快速查找或计算特定单词、术语、短语出现的次数是一个很常见的任务。如果负责修改的人员与译员是同一个人，这项任务可能比较简单；但是当未知数量的译员参与翻译过程时，可能会比较复杂。如 5.1.5 节所述，协同翻译（或众包翻译）越来越受欢迎，因此了解如何有效地处理和编辑其他参与人员的译文日益成为一项关键的技能。

2.7.7　使用正则表达式执行上下文替换（高级）

在这个任务中，将创建一个小型的 Python 程序，它应该完成以下四个步骤：

1）导入模块，访问编解码器和正则表达式功能。

2）读取 UTF‑8 编码的 TMX 文件内容，并将其内容存储在变量中。

3）定义上下文正则表达式，以便查找出现的所有目标语单词。在定义该表达式时，不应让其查找源语语言单词。

4）以挑选的单词替换所有的目标单词，并将结果内容打印到屏幕上。

在创建了程序并将其保存在文件中后，应该能够从命令行运行该程序。

2.7.8 处理编码（高级）

此任务有两个目的：从远程位置下载非普通文件，并熟悉中国境内使用的字符编码（GB 18030）。[37]为了访问此练习中需要使用的文件，可以打开互联网浏览器，导航到随附网站上指明的 URL。当访问到此在线文件时，会注意到页面上有一些奇怪的字符，具体取决于使用的互联网浏览器。下载文件并将其保存到选定的位置（如使用"文件 > 另存为"）。文件下载后，应确保可以从 Python 解释器访问该文件。如果在本地使用 Python，则应该启动一个解释器，并使用代码示例 2.2 中介绍的 os. chdir 函数。如果使用的是在线 Python 环境，应首先将文件上传到此环境，然后启动 Python 解释器。可以使用 os. chdir 函数导航到上传文件的文件夹。在这个准备步骤完成后，应导入 codecs 模块并读取文件的内容，如代码示例 2.3 所示。不要使用 UTF‑8 编码，应该使用该文件的实际编码（GB 18030）。如果觉得好奇，也可以尝试使用 UTF‑8 编码，并分析生成的错误信息。这个错误信息与在互联网浏览器页面上看到的字符是否有关？由于文件的每一行都包含多个字符，也可以尝试使用 readlines( ) 方法［而不是 read( ) 方法］以行列表的方式读取文件的内容。将这些行存储在变量（如行）中后，再［使用 rstrip( ) 方法］从每行删除任何不必要的空格字符，尝试使用 for 循环将每个字符打印到屏幕上。最后，可在屏幕上打印每行的长度，以便确保结果与每行的字符数是一一对应的。如果希望更进一步，可以尝试将这些行写入 UTF‑8 编码的文件。本章没有介绍 Python 中的文件写入概念，它与文件读取类似。不要使用打开文件时用的 r 参数，而应该使用 w 参数。不要使用 readlines( ) 方法，而应使用 writelines( ) 方法。如果对这些信息掌握得不太清楚，可以在线查找更多的信息，如官方 Python 文档。[38]

2.8 相关阅读材料和资源

既然已经完成了第一个编程任务，就可以花些时间通过（基于文本、基于视频甚至交互式的）在线教程进一步探讨弗里德尔（Friedl，2006）的论述或 Python 编程语言中的正则表达式。[39-41]麦克尼尔（McNeil，2010）的书中还包含使用 Python 编程语言的各种文本处理任务的详细信息（如处理编码和字符串及使用正则表达式）。最后，务必回到 Python 工作环境，练习学到的知识。

编程（包括正则表达式）初看起来令人望而生畏，但只要尝试一下，注意细节，经常练习，从错误中学习，随着时间的推移就会变得容易。甚至会很快意识到，可以使用相对简单的程序获得非常强大的功能，也会在处理软件本地化项目时变得更加自信。

注释

[1] 参见 http://www.codecademy.com/tracks/python。

[2] 参见 http://www.bleepingcomputer.com/tutorials/windows-command-prompt-introduction。

[3] 参见 http://www.ee.surrey.ac.uk/Teaching/Unix。

[4] 参见 http://en.wikipedia.org/wiki/Character_encoding。

[5] 参见 http://nedbatchelder.com/text/unipain.html。

[6] 参见 http://www.joelonsoftware.com/articles/Unicode.html。

[7] 参见 http://www.unicode.org/standard/standard.html。

[8] 参见 http://www.w3.org/QA/2008/05/utf8-web-growth。

[9] 参见 https://www.pythonanywhere.com。

[10] 像本节中的其他代码段一样，可以在本书随附的网站上找到这个例子。

[11] 参见 http://en.wikipedia.org/wiki/Hard_coding。

[12] 有时，错误信息会难以理解，特别是在初学语言时。这时，只需复制这些错误消息，并将其粘贴到搜索引擎中进行查找，往往会找到有价值的信息，因为其他用户此前也应遇到过类似问题。

[13] 参见 http://www.gnu.org/software/gettext/manual/gettext.html#PO-Files。

[14] 参见 http://www.poedit.net/。

［15］ 在撰写本书时，版本 1.2 是 OASIS 的官方标准版（http://docs. oasis - open. org/xliff/ xliff - core/xliff - core. html），但是正被版本 2.0 取代。

［16］ 参见 http://dita. xml. org。

［17］ 参见 http://docbook. org。

［18］ 参见 http://www. omanual. org/standard. php。

［19］ 参见 http://www. docbook. org/tdg5/en/html/ch02. html#ch02 - makefrontback。

［20］ 参见 http://www. docbook. org/tdg5/。

［21］ 参见 http://www. gala - global. org/oscarStandards/tmx/tmx14b. html。

［22］ 参见 https://code. google. com/p/okapi/source/browse/website/sample14b. tmx。

［23］ 参见 http://creativecommons. org/licenses/by - sa/3. 0/。

［24］ 参见 https://code. google. com/p/okapi/source/browse/website/sample12. xlf。

［25］ 参见 http://creativecommons. org/licenses/by - sa/3. 0/。

［26］ 可从本书随附的网站访问。

［27］ 参见 http://www. python. org/images/terminal - in - finder. png。

［28］ 参见 http://docs. python. org/2/using/windows. html#installing - python。

［29］ 参见 http://www. python. org/download/releases/。

［30］ 参见 http://windows. microsoft. com/en - US/windows7/Command - Prompt - frequently - asked - questions.

［31］ 参见 http://docs. python. org/2/using/windows. html#configuring - python。

［32］ 参见 http://showmedo. com/videotutorials/video? name = 960000&fromSeriesID = 96。

［33］ 参见 https://www. pythonanywhere. com。

［34］ 参见 http://ipython. org。

［35］ 参见 http://notepad - plus - plus. org/。

［36］ 可从本书随附的网站访问。

［37］ 参见 http://en. wikipedia. org/wiki/GB_18030。

［38］ 参见 https://docs. python. org/2/tutorial/inputoutput. html#reading - and - writing - files。

［39］ 参见 http://greenteapress. com/thinkpython/html/。

［40］ 参见 https://developers. google. com/edu/python/。

［41］ 参见 http://www. codecademy. com/tracks/python。

3 国际化

如第 2 章所述，软件应用程序是使用许多语言（如编程语言和标记语言）编写出来的，但其界面和资源通常情况下使用的是一种自然语言（如英语）。这是因为软件应用程序一般都是针对特定目标市场开发的，而这些市场上的最终用户都会使用某种特定语言。在设计软件应用程序的初期，可能并没有优先考虑或要求以多种语言向不同的市场推广。在这种情况下，源代码可能并没有准备好接受未来的本地化。换句话说，源代码未进行国际化处理。当一个程序没有进行国际化处理时，虽然仍可进行本地化，但本地化流程会十分困难且昂贵。必须通过一些努力，确保识别出源代码中的所有本地化元素，且这些元素在本地化后仍能正确显示，不会导致目标语应用程序崩溃。值得一提的是，不是所有的软件应用程序开发人员都了解与本地化相关的问题，所以必须时常翻译未经国际化处理的应用程序字符串。此外，就国际化和本地化机制而言，不是所有的编程语言都能得到充分支持。其中一些具有严格标准化的机制，如 Microsoft 的 .NET 框架支持（文本格式或 XML 格式的）外部资源。[1]但是另一些编程语言没有处理本地化相关活动的标准方法。典型的例子是 JavaScript 语言，尽管它在 Web 上备受欢迎并且无处不在，但依然缺乏可靠的国际化支持。这意味着开发人员通常不得不提出自己的方法，以提供一些本地化支持，而不是依靠标准或最佳实践。

本章 3.1 节概述可能需要进行国际化或本地化活动的各种应用程序组件。3.2 节介绍对未经国际化处理的软件应用程序进行本地化时可能出现的一些挑战，并审视了可能的国际化策略。最后，回顾一些可应用于软件字符串和相关应用程序内容的国际化技术。

3.1 全球应用程序

在 20 世纪 90 年代和 21 世纪初，传统的软件应用程序遵循的是定义明确的模式，即软件与其辅助文档明确分开。现在，大部分的软件都是在网上购买的，意味着印刷手册已成明日黄花。但对于功能更复杂的软件，用户指南仍然十分常见。虽然一个简单的手机应用（如时钟应用）不一定需要用户指南，但企业应用（如数据库服务器系统）就需要一系列完备的指南。

在本章及本书的其余部分中，将以一个简单的 Web 应用程序为例说明与开发全球多语应用相关的一些概念和挑战。这里的术语"多语"是指该应用程序应使用多种自然语言（即它的用户界面必须以多种语言显示），并且支持多种自然语言（即它必须能够处理用户信息，而不管用户使用何种自然语言提供该信息）。本节的第一部分从技术角度描述典型的全球软件应用程序的组件，第二部分将进一步解释"重用"的概念，这在软件发布行业非常流行。

3.1.1 组件

本书使用的应用程序是一个非常简单的 Web 应用程序，可通过任何 Web 浏览器访问。[2] 目前，很多应用程序的编写都采用了这种方式，目的是便于推广，以便满足任何操作系统的需要。在示例中，Web 应用程序本身就是综合使用各种技术编写的，包括第 2 章介绍的 Python 编程语言、HTML（显示 Web 页面的主要标记语言）和 JavaScript 库（即 JQuery、JQuery UI 和 JQuery Mobile）。[3] JavaScript 是另一种可由 Web 浏览器对其进行诠释的编程语言，用于创建丰富的用户界面，提高 Web 页面的动态性。本书的应用程序示例配有一系列从 XML 内容生成的其他 HTML 和 PDF 页面。虽然 Web 应用程序本身可以很容易地生成这些页面，但这里的重点在于引入一些技术和文件格式来展示和讨论各种国际化和本地化战略。

Web 应用程序的主要组件由 Python 编程语言提供支持，主要归功于 Django Web 框架中提供的功能。Django 框架是一个开源项目，其目标是使用较少的代码更轻松、更快捷地构建 Web 应用程序。[4] 在详细探讨这个框架前，先介绍其中的一些关键组件。Django 框架可以根据内容存储、操作和演示之间的明确区别，以可重复使用的方式构建应用程序。这种方法与早期的网站（如静态 HTML 页面）截然不同，后者会将上述三者混在一起，导致内容维护和更新变得非常困难。除了这种模块化方法，Django 框架还为国际化和本地化提供极大的支持，能够展示未经国际化处理的应用程序与经过国际化处理的应用程序之间的区别。为了开发 Web 应用程序，需要执行以下步骤：

1）确定如何存储 Web 应用程序使用的数据（内容）。在示例中，内容是一系列新闻提供商生成的体育新闻（篮球）。这些项存储在数据库中，便于检索。

2）确定如何向用户呈现内容。在我们的应用中，内容呈现是使用列表完成的，也可以使用其他方法（如表、轮播）。由于表示层可以独立于数据，所以通常使用模板（如 Django 框架使用的模板）快速修改 HTML 页面的最终外观。

3）确定向用户提供哪些功能。我们的应用程序十分简单，功能有限，因为可从页面执行的操作不多，包括根据特定的单词过滤新闻条目和访问新闻提供商的网站，以便阅读更多关于特定新闻或运动员的消息。

4）给应用程序命名。由于目的是向广大观众提供 NBA 的新闻，所以选择了"NBA4ALL"这个名称。

这个应用程序的优点是使用了响应性、适合移动设备的主题，这意味着即使屏幕尺寸有限，只能使用较小的分辨率，也能在移动设备上显示出良好的效果。无论使用的是何种设备，"响应式设计"方法都能实现最佳的观看体验，因此在软件行业极受欢迎。当使用移动 Web 浏览器时，直接展示给用户的信息量明显较少，但用户可以向下滚动查看所需的任何信息。

基于桌面的应用程序和基于移动设备的应用程序并不总是需要拥有相同的主题。为了提供丰富的用户体验，一些软件发布者（以及受其影响的应用程序开发人员）倾向于为特定平台开发本机应用程序。有关各种平台和应用程序类型的具体国际化和本地化战略，请参阅 3.5 节和 4.7 节。此处的重点是多功能的应用程序，即可在许多平台（如 Windows、Linux、OS X）的桌面和移动环境中使用的应用程序。此类应用程序有时称为跨平台的应用程序，因为它不需要使用针对特定平台的组件。这个特征不仅适用于应用程序的用户界面，也适用于与此应用程序相关的文档和帮助资源。这些资源也可以从任何浏览器访问，因此不需要设计针对特定平台的输出格式。

3.1.2　重用

在开发和发布应用程序中重用一些（或大多数）组件是软件行业的核心原则。只要有可能，软件开发人员就会重用现有的功能，而不是从头开始创建这些功能。在以前的应用程序或外部功能集（库或框架）中，都可以找到这些现有的功能，既有商业授权的，也有免费授权的。有些情况下，从头开始开发确实有一定的意义，但如 Github 或 Bitbucket 之类的网站上已提供了无数的开源项目，可极方便地重用他人代码（当然，需要经过许可）。[5,6] 在软件开发生命周期中，重用现象极为普遍，它对全球应用程序的（至少）两个方面有着举足轻重的影响。首先，用于创建用户界面的一些文本字符串可在多处重复使用，以节省时间和代码。如本章 3.2 节所述，这种策略在某些情况下效果不错，但当上下文发生变化时，就会产生严重的后果。其次，一些内容（如文件）一次写入后可在各种上下文中重复多次使用。上一节已说明这种情况，因为无论使用何种目标设备访问"NBA4ALL"应用程序，该应用程序都要依靠那些使用相同的 Python 代码生成的 HTML 内容。

也可以使用类似的重用方法从单个源语文件中生成许多文档文件。过去一些软件产品的文档是以字处理应用程序创建的，如 Microsoft Word 或 Adobe FrameMaker，不必遵循严格的模板或架构。然后，将源语文件转换为输出格式，如 PDF 文件。其版面通常必须由桌面排版人员进行调整才能发布。目前，基于标记语言（如 XML）的源语文件格式经常用于创建文档集。给源语内容添加结构后，可以更轻松地管理（和重用）各种商业程序支持的各种任务[7,8]。如 XML 之类的格式也具有易于通过（自动）系统进行操作的优点，意味着不必像以前那样频繁地对生成的输出文件进行排版。XML 可用于创建多种输出类型，包括本节示例中的 HTML 和 PDF。创建全球内容的第一步是从（可使用文本编辑器或专用 XML 编辑器创建的）源语文件开始的，如代码示例 3.1 所示。

```
< ?xml version = "1.0" encoding = "UTF-8"? >
< ! DOCTYPE article PUBLIC" -∥OASIS∥DTD DocBook XML V4.2∥EN"
    "http:∥docbook.org/xml/4.2/docbookx.dtd" >
< article >
    < title >NBA4ALL Documentation </title >
        < sect1 >
        < title >Filtering a list of headlines </title >
        < para >
            By default, ten headlines are shown in the application's
                main page.
            In order to filter this list, a word can be entered in the
                Search box.
            The list will change as soon as you start typing in the
                text box.
        < /para >
                < note > < title >Limitations </title >
            < para >It is currently not possible to search for multi-
                ple words. </para >
                < /note >
                < tip > < title >Tip </title >
            < para >Both titles and descriptions are searched.
            Searching for generic words may return more results than
                originally thought. </para >
                < /tip >
        < /sect1 >
< /article >
```

代码示例 3.1　源语 XML 文件中的文档

　　根据 2.5.2 节的内容判断，代码示例 3.1 中展示的格式应该看起来很熟悉。在这个文档中，最前面的部分是指定具体 DocBook 标准版本的 XML 声明。然后是文章元素，其中包含标题和节（"sect1"）。该节包括标题、段落、注释和提示。注释和提示内部还包含标题和段落。该文档旨在描述"NBA4ALL"应用程序的核心功能。即使这个应用程序非常简单，但它的一些特征值得介绍，为新手用户提供帮助。例如，应用程序的搜索功能仅支持一个词，因此要使用注释元素说明这个限制。提示元素中还提供了另外的建议。

这里值得多花一点时间，分析这个文档非常有限的侧重点，即过滤一系列的标题。专门针对特定主题创建相关文档是全球内容发布的一个重要特征。再次说明，这种方法的主要优点之一是可在多种上下文中重复使用这些十分精简的语块信息。例如，软件产品一般都有一个简短的"入门指南"、篇幅较长的用户指南及篇幅更长的管理员指南。根据目标读者的不同，这些文件的部分内容可能在所有文件中都是一样的。因此，最好将这些文档分解成更小的语块（或主题），这样就可以在不同的文档重复使用，不用创建一个篇幅极为庞大的文档。显然，创建为数众多的语块信息也可能导致信息管理问题。（例如，一个语块信息真的适用于多个环境吗？语块管理系统是否足够强大，能确保查找现有语块的效率超过创建新的语块？）在此不详细讨论，但值得强调的是，正是由于出现了这种语块和重用方法，再也没有像以前那样频繁地出现大型的软件文档翻译项目了。即使一个本地化应用程序配有一千页的文档，实际上翻译的只有其中一小部分，然后重复多次使用。

代码示例 3.1 显示的文档包含的是可读的内容，也可以转换为更易于使用的格式，如 HTML、PDF 或 EPUB，后者是国际数位出版论坛制定的数字出版和文档的分发和交换格式标准。[9] 此类转换可以使用工具（如 xsltproc 和 fop）及现有的转换样式表实现。[10-12] 样式表文档会详细描述如何将源语文档转换为其他文档。代码示例 3.2 中显示的命令是 Linux 机器上的专用命令，可能会因环境的不同而不同，但应记住其最重要的一点是可以使用一个源语文档生成多个外观互不相同的文档。

```
$ xsltproc -c doc.html

    /usr/share/xml/docbook/stylesheet/nwalsh/xhtml/docbook.xsl doc.xml
$ xsltproc -c doc.fo/usr/share/xml/docbook/stylesheet/nwalsh/fo/doc-

    book.xsl doc.xml
Making portrait pages on USletter paper(8.5inxl1in)
$ fop -pdf doc.pdf doc.fo
```

代码示例 3.2　使用 XSL 的文档转换命令

使用一个命令（代码示例 3.2 的第一行）即可实现 XML 到 HTML 的转换，而 XML 到 PDF 的转换需要一个中间步骤［即使用 XSL 格式化对象（FO）语言］，它会在执行期间生成一些（关于所创建的纵向页面的）信息。命令执行后，会生成两个外观不同的文件，如图 3.1 和图 3.2 所示。

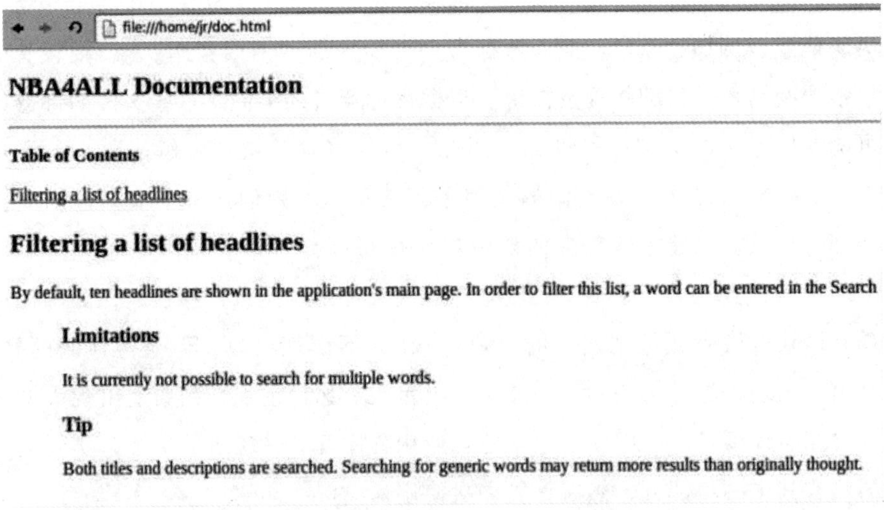
file:///home/jr/doc.html

NBA4ALL Documentation

Table of Contents

Filtering a list of headlines

Filtering a list of headlines

By default, ten headlines are shown in the application's main page. In order to filter this list, a word can be entered in the Search

Limitations

It is currently not possible to search for multiple words.

Tip

Both titles and descriptions are searched. Searching for generic words may return more results than originally thought.

图 3.1　HTML 格式的文档

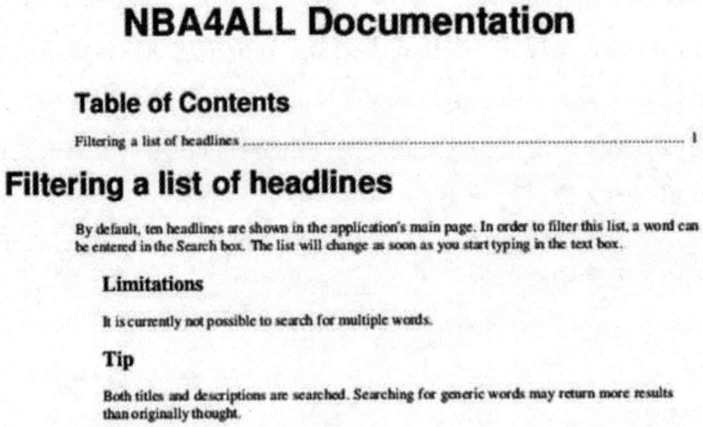
NBA4ALL Documentation

Table of Contents

Filtering a list of headlines 1

Filtering a list of headlines

By default, ten headlines are shown in the application's main page. In order to filter this list, a word can be entered in the Search box. The list will change as soon as you start typing in the text box.

Limitations

It is currently not possible to search for multiple words.

Tip

Both titles and descriptions are searched. Searching for generic words may return more results than originally thought.

图 3.2　PDF 格式的文档

这个例子虽然极为简单，但对于演示功能强大的全球出版概念非常有用。

首先，源语 XML 文档的格式化并不重要。由代码示例 3.2 可以看出，最终的文档（无论是 HTML 还是 PDF）忽略了第 8、9 和 16 行为分离句子显示的换行符。其次，可以通过转换文件引入额外的信息，如目录。虽然源语文档没有包含任何目录，但最终文件会包含一个目录。最后，最终文档之间存在差异。例如，PDF 文档的目录包含页码，而 HTML 页面不包含。简而言之，创建可重用的内容是全球内容发布的关键特征之一。内容创建完毕以后，下一步是将其提供给全球读者。此主题将在 3.2 节讨论。

3.2　软件国际化

3.2.1　什么是国际化

LISA 是指现在已停止运作的本地化行业标准协会（Localization Industry Standards Association），它曾经将国际化定义为"一种产品普及化过程，目的是在无需重新设计的情况下满足多种语言和文化惯例的需求。它往往出现在程序设计和文档编制层面"。[13]

3.1 节已经（通过重用概念）介绍了拟定程序文档方面的一些内容，本节将探讨其他的国际化特征。根据艾斯林克（Esselink，2000：3）的看法，国际化的另一个重要方面是文本与软件源代码的分离。应将可译文本（即显示给用户的文本）迁移至单独的、纯字符串的资源文件中。为什么需要执行这个分离步骤？毕竟还可以采取更简单的做法，即制作一个包含可译字符串的文件的副本，然后要求译员将其中的英语字符串翻译成给定的目标语，并替换成译文。但这种复制方法显然存在很大的局限性：首先，容易出错，因为翻译过程中有可能破坏代码或丢失字符串。其次，在创建完整的原始源文件副本过程中，会产生大量不必要的源代码复制操作。如果一个源代码文件的所有行中只有 10% 需要翻译，那为什么要以 *N* 种目标语言复制其余 90% 的原始文件，这岂不是急剧地增加了程序的大小？最后，（在文本编辑器中）对源文件进行人工翻译会导致大多数译员无法直接利用翻译辅助文件（如术语表、机器翻译或翻译记忆库），除非文本编辑器配备相关插件，可以访问这些资源（但这基本上是不太可能的）。由于这些原因，通常将可译字符串提取到中间文件，然后提供给译员。

　　虽然可译文本字符串很重要，但它们只是构成特定语言区域的文化数据的一部分。因此，国际化的另一个方面涉及的是一些可帮助程序员访问和操作特定语言区域数据的其他功能。为多个语言区域装备好组件后，就可以通过全球门户向用户提供，如3.2.2节的后半部分所述，此时侧重点是与工程相关的国际化任务。

3.2.2　工程任务

　　受国际化影响的功能包括解析各类输入内容（如2.3.1节所述字符集）及支持特定语言区域所需的功能（如文本信息排序、日期/时间信息、货币和/或数字的使用和显示）。

1. 用户输入和输出

NBA4ALL应用程序包含一个可以输入字符的搜索框。为了确保向非英语用户提供此功能，必须对页面进行编码，且编码方式应支持在搜索框中输入非ASCII字符（且匹配该页面上的文本）。只需在应用程序中将HTML页面的编码设置为UTF-8即可[14]：

```
<meta http-equiv="Content-Type" content="text/html;charset=utf-8">
```

　　根据用户在使用给定的应用程序时希望在屏幕上见到的显示语言，操作系统有时必须使用复杂的用户输入法。一些语言的字符集十分有限，101个键的标准键盘就可以轻易解决。然而，并不是所有语言的字符集都这么少，所以必须考虑其他输入法。例如，中文和日语通常就十分依赖输入法编辑器（IME），这些输入法编辑器会努力"揣测"应将键盘输入转换成哪个或哪些象形文字。因为许多象形文字都具有相同的发音，所以IME引擎的第一个猜测并不总是正确的。当给出的文字建议不正确时，用户可以从一系列同音词中选出合适的文字（Dr. International，2003：175）。一些键盘允许用户直接输入语音音节（如日语中的假名），也可以使用其他带有拉丁字符的键盘拼出此类音节。

　　另一种可让用户在给定的应用程序中输入数据的方法是手写。例如，OS X系统允许用户使用专用的Apple硬件手写简体和繁体中文字符。[15]显然，除了默认语言之外，也不应低估支持其他语言所需的适应性调整工作。但应提醒的是,配备经过本地化的用户界面还不够。如果用户想与这样的界面交互,就必须以直观的方式进行数据输入,而不能强迫用户使用他们不熟悉的方法。

2. 格式

确保让应用程序正确地处理只有特定语言区域才使用的信息(如日期和时间)也十分重要。Django 框架就提供了这样的功能,因为国际化和本地化是这种项目理念的核心。[16] 激活相关应用程序的配置设置中的功能,就可以使用针对当前语言区域指定的格式显示日期和时间。在我们的场景中,大多数语言区域的翻译还没有完成,但当用户从网关的语言列表中选择一种语言时,将以所有语言显示与日期相关的字符串。[17]

当应用程序不能依靠框架(如 Django)提供国际化支持时,它们有时不得不依赖应用程序运行的国际化平台。例如,桌面应用程序就可以利用操作系统(如 Windows 或 Linux)提供的一些设置。而那些默认情况下不使用 Unicode 等标准的编程语言(如通过 ICU 项目提供的编程语言)也存在各种专用资源。[18]

处理不同语言的数据并非易事。无论处理的是哪种语言,大多数编程语言都会提供核心功能,执行基本的文本操作任务(如提取文本字符串的第一个字符,详见代码示例 2.4)。然而,更高级的功能有时仅限于在某些语言中使用。例如,假定要根据每个字符串的第一个字符按字母顺序对一个文本字符串列表进行排序。如果 sort 函数仅限于英语字母表(a ~ z)中的字符,那么,对于使用重音符号或不使用任何英语字符的语言,该函数将停止执行或返回不正确的结果。处理这类问题属于国际化工程或功能调整(而不是翻译任务)的范畴,但值得关注。在某些情况下,增加对其他语言的支持可能需要一些涉及译员或语言工程师的翻译或调整任务,这一点将在 6.3.3 节中进行更详细的说明。

3. 通过全球门户访问

"全球门户(Global Gateway)"一词是由扬克(Yunker,2003:168)提出的,最初指的是多语言网站上出现的语言下拉列表。在某种程度上,这个概念可以扩展到支持多种语言的大多数软件应用程序。例如,在特定国家/地区销售的手机可能会为其用户界面设置默认语言。但是这种默认语言可能不是所有用户的第一选择。因此,提供直观的方式来选择其他语言变成全球应用程序的关键组件。要让用户能够根据自己的喜好改变 Web 页面或应用程序的语言乃至外观,语言列表不可或缺。为此,必须让用户可以轻松地在给定的用户界面上找到全局门户。如果将语言选择列表置于长页面的底部,那么一些用户就可能找不到,再加上他们对默认语言的了解不够,就可能决定离开页面。如图 3.3 所示,NBA4ALL 应用程序就添加了这样的一个语言选择列表。

图 3.3　全球门户

当单击其中包含图标和三个点的按钮时,会显示语言列表。然后,用户可以从列表中选择一种可用的语言。请记住,务必始终以用户的母语显示实际语言的名称;如果以用户不认识的语言显示这些语言名称,他们很容易不知所措。该图标来自一项互联网倡议,其目的是规范用户选择或更改网站语言的方式。[19]而作者的目标是设计一个人人都可以快速理解的图标。这个图标是否会成为主流仍有待观察,因为地球或世界地图图标因易于识别在多语网站上极其受欢迎。有时也会使用国旗来表示语言选择,但有些组织(如万维网联合会)并不鼓励这种做法,因为语言可以跨越多个国家。[20]不过,在特定情况下,可以考虑使用国旗表示网站的内容仅适用于某些国家/地区。例如,只支持将产品运送到有限国家/地区的电子商务网站就可以采取这种做法。这种情况就非常适合使用国旗让用户知道可从哪些网站上购物。因此,全球门户有时会先要求用户选择他们所在的区域(或语言区域),然后选择首选语言。其他门户会要求用户同时选择两者。无论采用何种做法,用户应始终可随时更改此选项,因为有可能出现错误,情况也会出现变化。

有时虽然提供了语言或区域选择列表,但仍然有必要解释一下如何选择默认语言。一种方法是根据用户环境的语言进行选择。就 Web 应用程序而言,Web 应用程序会询问 Web 浏览器使用的语言,然后据此选择默认语言。扬克(Yunker,2010:65)将这类语言检测称为"语言协商"。此类做法不限于 Web 应用程序,因为桌面应用程序有时会根据操作系统使用的语言为自己的用户界面选择语言。有时,还会根据用户计算机的 IP 地址确定用户的位置,然后选择语言,这是上述做法的另一种延伸表现形式。然而,在某一特定时间,因为互联网服务提供商所在的国家/地区有可能与用户所在的物理位置不同,所以这种方法不完全可靠。成功的全球应用程序通常会(在用户确认后)保留用户的偏好设置,在相关假设信息不正确时即不予调整语言或区域。6.2.2 节将对这一主题做进一步的讨论。

另一种选择默认语言的方法是根据互联网顶级域中的国家代码显示该国家/地区最常用的语言(如 http://www.mydummydomainname.de 中的 de)。此类域名基于 ISO 3166 – 1 标准,并包含两个字母,如 de(适用于德国)或 jp(适用于日本)。[21] 很多时候,大型跨国公司会买下与其品牌相关的所有域名。在这种情况下,每个域名会对应一个特定的默认语言(如 http://www.mydummydomainname.fr 与法语对应,而 http://www.mydummydomainname.de 与德语对应)。但是,用户最有可能使用哪个域名访问 Web 应用程序?这一点并不总是能够直截了当地确定出来。扬克(Yunker,2003:369)曾经提出这样一个问题:"当法语用户想找法语网站时,应该使用下面哪个网址后缀,.com 还是.fr?"答案是要根据网址的构建方式而定。尽管这种情况在 21 世纪初期处理起来非常简单,但对于顶级域名(Top Level Domain,TLD,包括缩写为 ccTLD 的国家代码域名,如.de,也包括全球域名,如.com)和实际域名(如 example.com 中的 example),使用非 ASCII 字符的可能性稍微复杂一些。就像瓦斯(Wass,2003:3)提到的:"在设计域名时,人们只是将其视为一种实现网络导航的工具,方便在网络连接的计算机之间沟通,本来就未曾想过让它们自己也传递信息。然而,在过去的 15 年中,TLD 特别是 ccTLD 通过其使用和治理,开辟了一个向外传播文化认同和价值观的空间。"

　　这就是为什么现在的顶级域名列表长度是 20 世纪 80 年代的两倍多（而且还有特定的实体赞助了具有实际意义的 TLD 后缀，如 . works 或 . yokohama）。[22] 即使有人认为，注册国际顶级域名是出于财务方面的考虑（如 2012 年申请新 gTLD 的初始价格为 18.5 万美元），也必须承认，早就应该允许在网址中使用非 ASCII 字符了。[23] 由于注册多个域名的成本可能十分高昂，有时会将 ISO 代码用作前缀（如 http://de. mydummydomainname. com 或 http://fr. mydummydoma-inname. com）。

3.2.3　传统的软件字符串国际化和本地化方法

　　在 3.2.2 节中，我们探讨了一些国际化问题，但对于翻译，其主要任务是处理应用程序的文本字符串。在研究各种本地化流程的增效技术前，先来看看没有使用 Python 编程语言对源代码进行国际化处理时会出现什么情况。2.4 节介绍了字符串在 Python 编程语言中是如何运行的，所以人们可能想当然地认为（如使用正则表达式或专用工具）从代码中提取字符串进行翻译会比较容易。毕竟，字符串已使用起始和结束单/双引号清晰地标识出来了。但是这种方法会出现过度生成现象，因为它也会提取无需翻译的字符串。当使用专用工具（如 xgettext）扫描源代码文件（如用于生成主 NBA4ALL 页面的 Python 源代码）中的可译字符串时，就会出现这种现象。默认情况下，此工具会将提取的字符串写入名为"messages. po"的文件中，该文件会使用 2.5.1 节介绍的便携式对象（Portable Object）格式。[24] 图 3.4 显示的是一个在专门的翻译工具 Virtaal 中打开的 message. po 文件，该工具能以易于使用的方式显示 . po 文件。[25]

　　当查看图 3.4 中的字符串时，可以看到，大部分提取的字符串［如"published"（已发布内容）或"subheading"（子标题）］都不会在实际的 NBA4ALL 应用程序中出现，因此不应予以提取（因为它们属于无需翻译的内容）。要解决这个问题，可以查看代码，检查字符串是否属于可译内容，或者直接询问应用程序的开发人员。[26] 与下述方法相比，这两种解决方法都非常耗时。

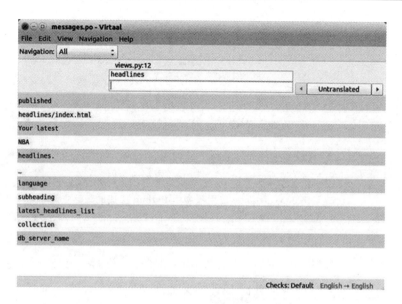

图 3.4　在 Virtaal 中查看 xgettext 的输出

典型的软件国际化和本地化工作流涉及以下步骤：

1）在源代码中标记翻译字符串。

2）将它们提取为可翻译格式。

3）翻译。

4）编译包含已译字符串的资源。

5）将翻译后的资源加载到应用程序中。

本章的重点是国际化，所以将在本节和随后两节集中介绍前两个步骤。第 4 章将介绍后三个步骤。如前所述，Django 框架可以使 Web 开发人员轻松地通过标记需要翻译的文本字符串完成应用程序的国际化。至少需要对两种文件执行此类标记：Python 代码本身及用于生成最终 HTML 页面的模板。

为了识别或标记 Django 应用程序的 Python 代码中的可译字符串，应导入一个特殊的函数，可译字符串的前缀使用的是下划线字符"_"，并包含在括号中，如代码示例 3.3 所示。

现在这个代码段看起来应该比较眼熟了。在第 1 行从 django. utils. translation 模块导入一个特殊的函数 ugettext。为了避免在每个字符串前面重复键入 ugettext（这将增加程序的大小），可将其作为一种快捷方式映射给下划线字

```
1 from django. utils. translation import ugettext as_

2

3 def home (request, collection = " headlines ", direction = - 1, key_sport
      = "published"):

4

5      #Translators:This title is followed by a list of basketball news stories

6      subheading = _("Your latest NBA headlines. ")
```

代码示例 3.3   Django 应用程序中 Python 代码的国际化

符。示例第 6 行就使用下划线字符对分配给"subheading"变量的文本字符串〔即"Your latest NBA headlines"（最新 NBA 头条）〕进行了标识处理。不过，在本例中，有两个字符串没有标记下划线字符（即第 3 行的"headlines"和"published"）。这些字符串是不可译内容，因为它们是由应用程序在内部使用的，用于执行特定的任务（所以对应用程序的最终用户是不可见的）。因此，为了从不可译的字符串（尽管看起来可能像是可译的内容）中有把握地标识可译的字符串，务必使用 ugettext 函数。有趣的是，还需要一些额外的代码对应用程序进行国际化。默认情况下（根据第 2 章介绍的内容），可以通过分配下列文本字符串来定义变量"subheading"：

```
subheadline = "Your latest NBA headlines"
```

这就解释了为什么许多应用程序经常是以非国际化的方式编写的，原因很简单，即在开发应用程序的初期，不写入这些额外的代码行会更加轻松快捷。显然，如果此后要对应用程序进行本地化，这种不写额外代码的方法会导致大量的工作。

代码示例 3.3 的 Python 源代码文件只包含了该应用程序主页中显示的其中一个字符串。其他字符串则驻留在另一类称为"HTML 模板"的文件中，用于生成 HTML 标记。代码示例 3.4 显示了 NBA4ALL 应用程序中使用的某些模板。

```
1{% load i18n % }
2 < !DOCTYPE html >
3 < html >
4 < head >
5 < title >NBA4ALL < /title >
6 < !--Links to CSS and JS files omitted-- >
7 < /head >
8 < body >
9 < div data-role = "page" >
10 < div data-role = "header" >
11 < hl align = "center" style = "font-size:20px" >NBA4ALL < /hl >
12 < /div >
13 < div role = "main" class = "ui-content"data-theme = "a" >
14 < a href = "#popupMenu"data-rel = "popup"data-transition = "slideup"
      class = "ui-btnui-corner-all ui-shadow ui-btn-inline ui-icon-myicon
      ui-btn-icon-left ui-btn-a" >... < /a >
15 < div data-role = "popup" id = "popupMenu"data-theme = "a" >
16 < ul  data-role = " listview" data-inset = " true" style = " min-width:
      210px;" >
17    < li data-role = "list-divider" >{%  trans'Choose Language' % } < /li >
18    {%  for code,language in langs. items % }
19    < li > < a href = "http://{{url }}/{{ code }}/" >{{ language | title }} < /
      a > < /li >
20    {%  endfor % }
21 < /ul >
22 < /div >
23 < h2 align = "center" >{{ subheading }} < /h2 >
24{%  comment % }Translators:The next sentence should be quite catchy. {%
      endcomment % }
25 < p align = "center" >{% blocktrans% }See what your team has been up to
      thanks to < a target = "_blank" href = "http://dummysource. com" > <
      img src = "http://dummysource. com/logo. png" > < /a >! {%
      endblocktrans% } < /p >
```

代码示例 3.4 Django 应用程序中 HTML 模板的国际化

首先，模板在第 1 行上使用 < % load i18n % > 声明导入国际化功能。然后，将可译的字符串插入 < % trans % > 语块内，如第 17 行或 < % blocktrans % > 语块（如第 25 行）所示。这些语块包含的是会出现在实际应用程序页面中的字符串，如 "Choose Language"（选择语言）或 "See what your team has been up…"（查看你的球队成绩……）。请注意，第二个字符串并不完整，因为它实际上包含的是一个图像的链接。但是，一些行的内容并没有包括在 < % trans % > 语块中。第 5 行和第 11 行上的字符串是应用程序（NBA4ALL）的名称，在这种情况下，它应视为不可译。显然，这个决定是有争议的，因为应用程序（甚至品牌）的名称有时在本地化中也会进行翻译或修改。巴鲁克（Baruch，2012）讨论了处理这个问题的各种方法，并且专门针对数字内容。第 23 行还显示了一个特殊的代码块 ｛｛subheading｝｝。该区块用于将 Python 代码中定义的 "subheading" 变量的内容插入代码示例 3.3 中。这个例子说明了 Django 模板系统的基本内容。HTML 文档中显示的变量（如代码示例 3.4 中所示）可以替换为 Python 代码中定义的内容（如字符串，如代码示例 3.3 所示）。在现代 Web 应用程序中，这种方法非常受欢迎，因为它允许后端开发人员（如 Python 开发人员）和前端开发人员（如 HTML 设计师）专注于他们最擅长的内容。然而，当两个（或多个）不同的个人创建文本时，可能会出现一致性问题，这也是要在 3.2.4 节介绍其他国际化技术的原因。

根据开发源语应用程序使用的编程语言或框架，此类国际化和本地化的工作流有可能发生变化。例如，可将翻译字符串直接处理为外部的纯字符串文件，而不是在源代码中标记翻译字符串，并通过单独的步骤将它们提取为待译格式。代码示例 3.3 显示，某个已完成国际化的 Django 应用程序的开发人员仍然可以在源代码的中间定义源语字符串。其他编程语言和框架要使用单独的文件才能完全隔离源语字符串。代码示例 3.5 说明了如何通过略微调整代码示例 3.3 中的代码在 Python 编程语言中实现这一点。

在这个代码调整例子中，外部文件（source_strings. py）用于存储所有字符串，然后供该程序的其他部分通过以下方式使用：①引用外部文件（在这种情况下，导入代码示例 3.5 中第 2 行的模块）；②使用任意名称访问特定的字符串（如第 6 行中的 "source_strings. subheading"）。

```
1#The source_strings.py file contains:subheading = "Your latest NBA head-
   lines."
2import source_strings
3
4def home(request,collection = "headlines",direction = -1,key_sport =
   "published"):
5
6  print source_strings.subheading
```

代码示例 3.5 源语字符串的外部化

这种方法通常在 .NET Framework 的 Windows 应用程序中使用。在这个框架中包含可译源语字符串的外部文件，称为 .RESX 文件（因为存储这些资源使用的是 XML 格式）。与此类似，Java 程序也依赖"properties"（属性）文件。[27] 也可能会遇到软件发布者使用专有格式的情形，这些软件发布者往往不依赖现有的格式，或者因为语言或框架不提供标准的国际化方法而无法采用其他格式。是否使用两个步骤取代一个步骤在很大程度上取决于开发过程中使用的框架或编程语言。从翻译的角度来看，其对实际翻译工作的影响不大，但是知道使用哪些上游步骤来生成需要翻译的文件也没有坏处。

3.2.4 其他国际化技术

虽然核心国际化步骤是将可译字符串与其他代码清晰地区分开来，但也可以使用其他技术提高本地化流程的效率。例如，读者可能已经注意到代码示例 3.3 和代码示例 3.4 包含各种注释（分别在第 5 行和第 24 行），以便使译员知悉特定字符串的上下文，或者应如何以目标语言呈现文本。再次提醒，这些注释是可选的，所以对于开发人员，最简单的方法是什么都不做，直接忽略这些注释。予以忽略的原因有两个：开发人员（或字符串编写者，或字符串编辑器）可能没有时间为译员写注释，或可能觉得没有资格向译员写注释或建议。但是在本地化流程中，特别是当译员无法访问上下文（即访问包含特定字符串的应用程序的页面）时，这些注释非常有用。这种缺乏上下文访问权限的情况可能是由以下因素引起的：

1）预期。应用程序发行者可能期望第三方翻译提供商已非常熟悉给定的应用程序。

2）保密。即使软件发布者与译员之间签有保密协议，应用程序发布者也可能不愿意将其应用程序（或其截图）运行版本的访问权限授予第三方（以防泄漏）。

3）复杂性。向译员提供应用程序的每个页面（即使是截图格式）可能需要额外的工作，而这在应用程序发布者看来是完全不必要的。

在某种程度上，这些因素并不是 ICT 行业特有的，因为电影行业也常常存在类似的问题（如保密）。在不向译员提供任何上下文或注释的情况下，不管动机如何，都很可能出现本地化行业才有的特定问题，特别是当目标语的产品和数量规模很大时。这些问题包括由于源语字符串模糊不清而导致的错译，或由于长度问题而导致的翻译字符串截断。这些问题通常必须在本地化质量保证步骤中解决，但是如果一开始就花更多的时间准备源语字符串，则可以轻松避免这些问题。除了提供注释外，其他源语字符串准备工作还包括避免字符串连接，使用有意义的变量名（如2.2节所述），以及特别注意复数形式的生成方式。

2.4.1 节已经介绍了字符串连接这个主题。对于应用程序开发人员，这种技术非常具有吸引力，因为可以减少键入的代码量。但这种方法会导致严重的翻译问题，因为目标语的词序与所用源语的词序可能不同。在代码示例 3.6 中，第 1 行上的三个短字符串在第 2 行连成了一个字符串。

```
1 first,second,third = _("Your latest"),_("NBA"),_("headlines.")
2 subheading = first + " " + second + " " + third
```

代码示例 3.6　字符串连接的错误使用

从重用的角度看，这种方法可能非常吸引人，因为如果应用程序的主题由篮球改为美式橄榄球（即由 NBA 改为 NFL），则"Your latest"和"headlines"这两个英语字符串可重复使用。类似地，如果应用程序还包含一个关于推文的部分，那么就可以重用"Your latest"和"NBA"形成"Your latest NBA tweets"字符串。

然而，在翻译过程或发布过程中一定会存在问题。在翻译过程中，译员无法为给定的字符串提供具有唯一性的翻译。例如，"Your latest"可能需要翻译时考虑性别因素，因此如果是不得不在无上下文的情况下进行翻译，很可能会出现质量很差的译文。第二个问题与词序有关。代码示例 3.6 中的"subheading"变量会按照英语出现的顺序连接短字符串。然而，词序是因语言的不同而不同的。以法语为例，其词序会是"Vos Derniers NBA titres"，而不是"Vos derniers titres NBA"。为了避免这些问题（此类问题的修复成本极高），不鼓励连接这种类型的字符串。解决此类问题的一种方法是使用 2.4.1 节介绍的替换标记，如代码示例 3.7 所示。

```
1 # In:
2 first,second,third = "Your latest","NBA","headlines"
3 # In:
4 subheading = "%s %s %s. "% (first,second,third)
5 # In:
6 print subheadings
7 # Out:
8 #     You latest NBA headlines
9 # In:
10 first,second,third = "Vos derniers","NBA","titres"
11 # In:
12 subheading = "%s %s %s. "%(first,second,third)
13 # In:
14 print subheadings
15 # Out:
16 #     Vos derniers NBA titres
17 # In:
18 subheading = "%(first)s %(second)s %(third)s. "%{"first":first,"sec-
    ond":second,"third":third}
19 # In:
20 print subheadings
21 # Out:
22 #     Vos derniers titres NBA
```

代码示例 3.7　使用替换标记

第 1 行和第 16 行之间使用的第一个例子不能解决词序问题。使用相同的替换标记（如第 4 行和第 12 行的 3 个%s）毫无用处，因为它们无法表示某一个%s 应该移到最终字符串中的另一个位置。相反，需要使用具有特定名称的替换标记，如第 18 行所示。在该行上，可以定义法语词序（%（first）s %（third）s %（second）s），它与英语词序（%（first）s %（second）s %（third）s）不同。即使三个组件是分别翻译的，第 22 行上语句的最终输出仍会返回预期的词序。值得一提的是，使用替换标记也有局限性，如会导致无法解决的翻译情况。然而，当必须使用这些标记时，建议始终为它们提供有具体意义的名称，给译员提供一些翻译线索。例如，如果将%（first）s %（second）s %（third）s 替换成%（intro）s %（organization_name）s %（content_type），代码示例的效果会更好。与使用替换标记相关的另一个问题是多元化，特别是在可能存在多个复数形式的语言中，这取决于计数实体的数量。此技术相关问题的进一步讨论和解决方案已在线推出。[28-30]与字符串相关的、Microsoft. NET 特有的其他问题示例也已在线推出。[31]

因为一些国际化问题是有明确定义的，所以开发人员经常尝试在实际开始本地化流程前进行模拟。这种技术也称为伪本地化，可以使用名为 fakelion 的工具通过 Django 或 Python 应用程序实施。[32]此工具基于迭代过程，可令开发人员发现没有使用"_"机制标记的字符串，或识别翻译后长度会增加的字符串。这个想法很简单，并且基于源语文本字符串的转换。这种转换包括颠倒字符串的顺序或扩大其宽度以发现空间问题，如图 3.5 所示。

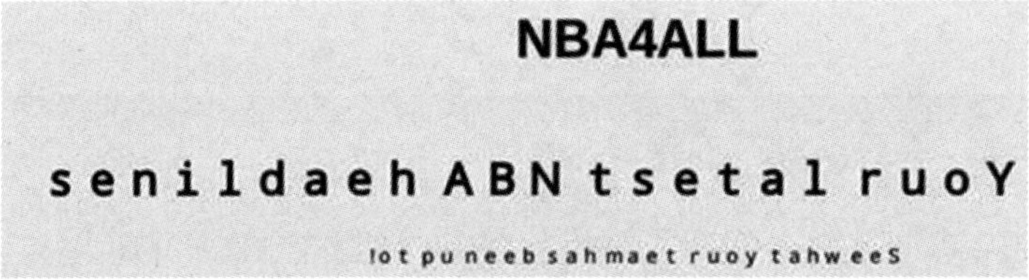

图 3.5　伪本地化的应用程序

图 3.5 显示的页面类似 NBA4ALL 应用程序的主页。标题"NBA4ALL"是可以完全识别出来的，因为这个字符串未被标记为可译文字。其他两个字符串显示的是伪本地化效果，可以看出，"Your latest NBA headlines"和"See what your team has been up to!"的词序是颠倒的。此外，通过使用全角 Unicode 等

效字符代替传统的 A ~ Z 和 a ~ z 字符，增加了这两个字符串的长度。空间限制是应用程序开发人员最关心的问题，因为翻译的字符串不一定能放入为给定的源语字符串分配的空间。通过使用更长的伪本地化字符串，开发人员可以快速发现后续本地化中可能发生的问题，并提前在开发周期予以解决（不必等到本地化质量保证步骤才收到问题报告，到那时再修复可能为时已晚）。空间问题也可以通过使用灵活的响应显示系统避免，该系统可以干净利索地排列或截断字符串。在移动版本的 NBA4ALL 应用程序中，故事的描述会跨越多行，而在桌面版本却只有一行，这是因为没有给包含描述的元素规定具体的空间。

在处理多种语言时，建议使用可根据文本大小自动重新排列的布局，这种布局非常有用。但相比之下，故事标题可能太长，无法放入给定的空间，所以 JQuery Mobile 框架有时会自动添加三个椭圆点，以此方式截短文本。文本截短导致难以理解时，也会非常令人沮丧。在应用程序中，大多数内容都显示在标题下方，用户可以转到原新闻提供商的网站阅读全文。从翻译的角度来看，通常必须考虑空间的限制，这就是始终要留意开发人员的注释的原因。有关文本大小相关问题的其他信息请参阅 W3C 的国际化组织提供的资料。[33]

本节介绍了很多基础方面的内容，重点介绍了 Web 应用程序未正确国际化时可能遇到的一些挑战。下一节将重点介绍当内容本身未经国际化或未做好翻译准备时可能出现的一些问题。

3.3　内容国际化

如 3.2 节所述，Web 应用程序发布者必须提前制定计划，确保快速满足所有多语客户的需求。人们通常认为这个挑战是一种 Web 全球化问题，且应以本地化思维设计和维护其中的 Web 内容（Esselink，2003a：68）。上一节的重点是介绍全球 Web 应用程序的用户界面，本节将介绍与实际的 Web 页面内容相关的技术。首先说明与结构有关的技术，然后详细阐述文体问题和技术。

3.3.1　从结构角度看全球内容

为了简化对（多语）Web 内容的访问，万维网联盟（W3C）的工作组正在努力制定有关创建特定 XML 和 HTML 文档内容的规范。W3C 是一个致力于创建和维护互联网标准的组织。[34] 截至目前，本章介绍的大多数示例都是以文本文件中的内容为主。但是，有时其他媒体类型（如图片）也会显示内容。此类图片中包含的文本可能难以阅读、提取和翻译。因此，在处理不是纯装饰性的图像时，W3C 建议使用一种称为"替代文本"的技术。[35] 这种技术可确保视力较差的人（他们可能无法阅读带有特殊设计的字体系列、大小和/或颜色的文本）也能和常人一样使用。[36] 其他用户也可以从中受益，他们只需将鼠标放置在图形或徽标上即可显示工具提示，如 NBA4ALL 示例应用程序。

在创建可能包含文本信息（如场景文字或字幕）的 Web 视频内容时，必须进行类似的国际化处理。选择正确类型的字幕属于国际化任务范畴。费弗（Pfeiffer, 2010: 251）描述了各种类型的字幕。她认为："整合到主视频轨道的字幕也被称为'烧录字幕'或'开放式字幕'，因为它们始终处于活跃的开放状态，人人皆可看到。"像硬编码字符串一样，这些字幕也缺乏灵活性，因为不能将它们与核心视频内容分开。相反，费弗建议使用内嵌字幕（即在媒体资源中通过单独的轨道提供）或外挂字幕（以单独的资源形式提供并通过 HTML 标记链接媒体资源）。尽管 HTML5 规范最近已成为官方标准，但是 Web 浏览器并未广泛支持 track 元素[37]，而这个元素可使编码人员指定外部定时轨道（详见费弗的在线示例）[38]。

W3C 标准化的另一个例子涉及国际化标记集（Internationalization Tag Set, ITS），其中提供了可译性规则，这样（无论是人类还是自动系统）就能知道是否必须翻译相关元素。[39] 根据 ITS 制定人员的观点，内容作者或信息架构师均可添加这些规则。[40] 在代码示例 3.8 中修改了此前的一个 XML 示例，使之包含 ITS 规则。

```
<? xml version = "1.0" encoding = "UTF-8"? >
<article xmlns = "http://docbook.org/ns/docbook"
      xmlns:its = "http://www.w3.org/2005/11/its"
      its:version = "2.0" version = "5.0" xml:lang = "en"
   <title > <phrase its:translate = "no" > NBA4ALL </phrase > Documenta-
      tion </title >
```

代码示例 3.8   使用 ITS 翻译数据类别

在此示例中，"article"元素引用了几个命名空间：Docbook 命名空间和 ITS 命名空间。命名空间允许在同一个文档混合使用多个词汇中的标记集。在最后一行，术语"NBA4ALL"包含在"phrase"元素中，并向该元素分配了一个值为"no"的 translate ITS 数据类别，以此方式"知会"处理该内容的工具或人员禁止翻译这个特定的短语。除了标识哪些内容可译、哪些内容不可译，ITS 数据类别还可以发挥其他功能。例如，最新的数据类别集中就包括了各种标识符，用于处理术语、注释（如给译者的注释）、语言信息、出处或允许在某些元素中使用的字符类型。[41] 代码示例 3.9 取材于 ITS 文档的推荐版本，它介绍了一个使用 allowed Characters Rule 元素的 XML 文档例子。[42] 此示例说明了如何使用此元素指定不得在 XML 文档中的任何"content"元素中使用 * 和 + 字符。这个全局规则是在文档的"head"部分使用"allowedCharactersRule"元素的"allowedCharacters"属性值中的正则表达式定义的。这个正则表达式使用了字符类"[^* +]"。在这个以方括号定义的字符类中，包含一个脱字符（^），表示禁止使用其后的字符（即 * 和 + 字符），即只能使用除 * 和 + 字符之外的任何字符。虽然这个规则具有人类可读性，但其目标用户很可能是一个配置后的程序（如翻译程序），用于检查处理该文档的实体（如本地化工作流程的翻译步骤上的人类译员）是否遵守该规则。

```
<? xml version = "1.0" encoding = "UTF-8"? >
<myRes xmlns:its = "http://www.w3.org/2005/11/its" >
  <head >
    <its:rules version = "2.0" >
      <its:allowed Characters Rule allowed Characters = "[^* +]"
        selector = "//content"/ >
    </its:rules >
  </head >
  <body >
    <content >Lorem ipsum dolor sit amet,consetetur sadipscing elitr,
      sed diam nonumy eirmod tempor invidunt ut labore et dolore magna
      aliquyam erat,sed diam voluptua. </content >
```

```
</body>
</myRes>
```

代码示例 3.9　使用 ITS 数据类别排除指定的字符

本节重点介绍的是文件结构，以下部分则从风格的角度介绍内容国际化的原则。

3.3.2　从风格角度看全球内容

本节重点介绍一些创作原则，这些原则有时会在属于应用程序生态系统的内容开发过程中使用。值得一提的是，其中部分原则仅适用于图 1.1 所示的部分内容类型。例如，受限语言的使用在技术文档的编写方面受到广泛的认可，因为这种内容类型通常看重的是技术的准确性，而不是内容的引人入胜。

1. Web 和技术内容撰写原则

信息和沟通技术（ICT）行业有无数的风格指南，对撰写技术文档（无论是用于 Web 还是用于打印的文档）时应使用的语言提供了许多的建议。其中一些风格指南是面向特定语言的，如科尔（Kohl，2008）专门为英语制定的风格指南，而另一些风格指南则提供中性的语言指导。例如，斯皮里扎基斯（Spyridakis，2000：376）介绍了如何撰写易于理解和翻译的 Web 内容写作指南，如建议使用简单的句子结构和国际化的单词和短语。此类指导是以各种原则为基础的，如简洁性和内容可扫描性（Content Scannability），后一个原则指的是读取给定文档的特定部分或片段的过程（Nielsen，1999：101）。文本简洁是技术沟通的一般原则，通常要求作者避免出现达热奈和卡拉瑟斯（D'Agenais & Carruthers，1985：100）、格尔森和格尔森（Gerson & Gerson，2000：31）或拉曼和夏尔马（Raman & Sharma，2004：187）指出的冗长啰嗦现象。然而，由于信息的浓缩可能导致歧义，过度简洁有时可能会对信息的清晰性产生负面影响（Byrne，2004：24）。例如，从源语文本中删除部分词语，如冠词或介词，可能会影响信息的清晰性。如果指导原则过于严格，就可能出现这个问题。例如，格尔森和格尔森（Gerson & Gerson，2000：243）建议 Web 内容的句子应该在 10~12 个单词。如果要系统地执行这个准则，就要从某些句子中删除一些基本的句法部分。根据尼尔森（Nielsen，1999：104）的看法，Web

内容的可扫描性受两个因素的影响：其一，一般认为用户从屏幕上读取信息的时间比从纸面上要长 20%～30%；其二，用户很少读完全部源语文本，倾向于关注最感兴趣的部分文本。皮姆（Pym，2004：187）甚至说，"由于文本缺失话语线性度，用户已不再是读者了"。然而，基于 Web 内容的消费者并不总是人类，所以当可以使用读取器扫描文本时，大多数自动系统（包括机器翻译系统）就能处理相同的全部文本。这意味着除了需要针对人类的指南，有时还需要针对机器的写作指南（或规则）。

2. 从内容写作指南到受限语言规则

语言障碍一个可能的解决方案是使用机器翻译（Machine Translation，MT）完成翻译过程的自动化。5.5 节将从翻译的角度进一步详细介绍机器翻译，本节重点介绍受限语言规则，它们经常用于简化本地化流程中可使用机器翻译的文本。受限语言（Controlled Language，CL）是"一种语法及词汇受到特别限制的自然语言的子集"（Schwitter，2002：1）。因此，定义受限语言的词汇和语法限制是精心选择的结果。受限语言的起源可以追溯到 20 世纪 30 年代查尔斯·凯·奥格登（Charles K. Ogden）的基本英语（Ogden，1930），其中包含一个仅限 850 个单词的词典。值得注意的是，奥格登的基本英语在设计时从未考虑过翻译，而是为了解决歧义问题，如面向英语读者的同义词或多义词。最初设想的读者同时包括以英语为母语的人士和不以英语为母语的人士。奥格登的这个构思在几十年后被汽车行业仿效，卡特彼勒基础英语（Caterpillar Fundamental English，CFE）应运而生。这种受限语言本意是供非英语人士使用，让他们在经过一些基础培训后能阅读以 CFE 编写的维修手册（Nyberg et al.，2003：261）。阿德莱恩斯和施罗伊斯（Adriaens & Schreurs，1992：595）对受限语言的调查表明，这种受限语言迅速被斯马特（Smart）的简明英语课程（Plain English Program，PEP）和怀特（White）的国际服务与维护语言（International Language for Service and Maintenance，ILSAM）仿效。后者催生了由欧洲建筑师协会（AECMA）设计的简化英语（Simplified English，SE）规则。简化英语规则紧接着变成了飞机维修文档编写的标准。所有这些项目都有一个共同的特征：它们使用了旨在提高源语文本对于读者的一致性、可读性和可理解性的受限语言。因此，通常将这些受限语言视为面向人类的受限语言，而且根据勒克斯和多芬（Lux & Dauphin，1996：194）的观点，由于缺乏形式化和明确性，这些受限语言对于自然语言处理（Natural Language Processing，NLP）来说依然不够。从欧洲建筑师协会简化英语的描述性写作规则表述上的一些模糊性就可以看出来这一点，如第 6.2 条规则："试着改变句子的长度和结构来保持文本的趣味性"。

3. 受限语言规则和（机器）可译性

Carnegie Group/Logica 和 Diebold 公司之间的协作如同海耶斯等（Hayes et al.，1996：89）和摩尔（Moore，2000）所描述的，将受限语言的使用扩展到提高源语文档的一致性、可理解性和可读性之外；Diebold 公司的翻译工作流使用的是译员和翻译记忆库，因此对于引入受限语言优化工作流非常感兴趣。要完成工作流的优化，就要"减少字数、增加可利用的句子和减少高成本的术语量"（Moore，2000：51）。尽管报告称受限语言的推出节省了 25% 的翻译成本，摩尔仍然提到，还有一些其他难以量化的优点，如客户满意度提高和支持电话呼叫减少。使用受限语言降低翻译成本的第一家公司是 Rank Xerox 公司，它在 20 世纪 80 年代使用了 SYSTRAN MT 系统（Adams et al.，1999：250）和铂金斯翻译引擎（Pym，1990）。许多公司迅速模仿他们，而将受限语言和机器翻译结合使用最成功的项目之一是卡特彼勒与卡内基梅隆大学在 20 世纪 90 年代的协作。鉴于珀金斯（Perkins）批准的清晰英语（Perkins Approved Clear English）（Pym，1990）只使用了很少的规则（共十个）和词汇，卡特彼勒设计的受限语言也展现出严格的特征。作为 CFE 的改进版本，卡特彼勒技术英语（Caterpillar Technical English，CTE）专门用于提高源语文本的清晰度，以便在自动翻译过程中消除歧义（Kamprath et al.，1998）。尽管作者必须执行的交互式消歧导致源语创作的生产效率饱受打击（Hayes et al.，1996：86），但引入 CTE 的 140 条受限语言规则和受限术语后，这家重型机械制造商得以通过发布多语机译文档显著降低翻译成本。它的规则之所以极为繁琐，是因为所用的基于 KANT 的机器翻译系统（Mitamura et al.，1991）涉及中介语过程。分析英语句子后获得的源语文本的抽象表示必须是通用的，以便生成多种目标语言的句子。实施面向机器翻译的受限语言表明，机器翻译的精度主要取决于源语的控制水平。目前，此类大型公司致力遵循这一范式，表明开发小组和本地化小组之间的沟通增强了。阿芒（Amant，2003：56）解释说，长期以来，"（翻译和技术写作）两个领域的成员认为他们的专业活动是相互独立的"。

大约在同一时间，通用汽车（Godden，1998）和 IBM（Bernth，1998）针对受限语言和机器翻译开展的类似项目表明，受限语言规则可以显著提高各种语言的机器翻译质量。不过，其他方面的好处难以量化。

戈登和米恩斯（Godden & Means，1996：109）报告说，机器翻译的很多好处（如更高的客户满意度）无法衡量，并强烈主张实施受限的汽车服务语言（Controlled Automotive Service Language，CASL）规则集。除了面向机器翻译的受限语言规则，伯恩斯和葛丹尼尔克（Bernth & Gdaniec，2002）的文献中还介绍了有关机器可译性的一般准则。葛丹尼尔克（Gdaniec，1994）、伯恩斯和麦科德（Bernth & McCord，2000）、安德伍德和乔杰佳恩（Underwood & Jongejan，2001）的项目表明，有一些方法可以测量源语文本的机器可译性。描述可译性的一种方法是设计"说明句子复杂度的交叉衡量指标"（Hayes et al.，1996：90）。这个流程包括计算以下一些现象，并给予一些罚分：句子长度、逗号、介词和连词的个数，外加一些对于可在本地检查的语法现象的限制，如被动和 – ing 动词。葛丹尼尔克（Gdaniec，1994）提出的 Logos 可译性指数（Logos Translatability Index）也使用了类似的方法。

4. 受限语言规则方面存在的挑战

前两节描述的项目激增表明，受限语言规则因语言或机器翻译系统而异。这一点已经在奥布赖恩（O'Brien，2003：111）的一项研究中证实，其中发现八个英语受限语言只共享一个共同的规则，即"鼓励使用短句"的规则。此外，受限语言规则对使用统计方法构建的机器翻译系统的影响，似乎并不像在使用基于规则的机器翻译系统时所感受的那样明显。这已经在各种研究中有所表现，包括合川等（Aikawa et al.，2007）的研究。另一个复杂因素可能是一些受限语言规则有时以通用术语描述，导致作者或内容开发人员进行了过度更改。如果撰写人员进行了不合乎需要的意外更改，一些写作规则"甚至可能弊大于利"（Nyberg et al.，2003：105）。也可以从作者和内容开发人员的语言背景不足的角度解释受限语言规则的定义缺乏细化。如果使用语言术语对受限语言规则所解决的语言现象进行细节描述，那么内容开发人员可能无法实施所需的更改。

由于技术作者通常是领域专家而不是语言学家，潜在的语言知识缺乏可能会妨碍他们理解应更改、替换或删除哪些单词或短语。当受限语言规则只作了一些规定时，这个问题尤其关系重大，因为作者没有被告知可写哪些内容。其实，受限语言检查程序的开发者已经提出了这个问题，他们表示，AECMA SE 的一些例子"并不总是代表最好的建议"（Wojcik & Holmback，1996：26）。如果受限语言检查程序不提供任何替代方案，对有问题的句子进行重写，还会在重新表述方面出现不确定性。下文将讨论提供（受限）语言检查支持的应用程序。

5. 语言检查程序

从定义上看，受限语言检查程序是一种应用程序，旨在"标记"不符合预定义的一系列受限语言正式规则的语言结构。传统上，大多数检查程序都是在句子级别上运行的。例如，克莱芒桑（Clémencin，1996：34）指出，"EUROCASTLE 检查程序只在句子级别上运行，对上下文知之甚少。"如果要识别的一些结构中包括回指（anaphora）等语言现象（这可能需要在段落或文档级别进行消解），显然会出问题。当然，也可以扩展更简单的程序（亦称为校对或样式检查程序），使之执行一些受限语言规则检查任务。开源的 LanguageTool 程序就属于这个类型。[43] 它的作者将其定义为校对软件，声称其可以"发现简单的拼写检查程序无法检测到的许多错误和各种语法问题"。这个工具采用了多种形式提供，如从开源字处理程序（如 OpenOffice.org 和 LibreOffice）的扩展程序到独立的应用程序。它以多种语言检查纯文本内容，并（使用包括正则表达式在内的多种技术）检测文本模式。大多数规则的定义使用 XML 格式，方便最终用户轻松地进行编辑和修改。也可以使用 Java 编程语言创建更复杂的规则。图 3.6 显示了 LanguageTool 图形界面的输入文本和检查结果。

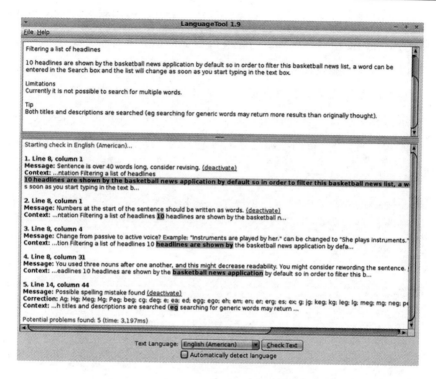

图 3.6　LanguageTool 检查出的违规情况

LanguageTool 在用户界面底部报告各种检查结果（即违规情况）。这个程序在检查完界面顶部显示的文本后会向用户报告结果，包括：

1）违反特定规则的字符位置，如第一个问题出现在第 1 列的第 8 行（其中列表示该行的第一个字符）。

2）规则描述（如"句子超过 40 个单词，请考虑修改"）。

3）一些上下文（包括符合此特定规则的所有单词）、前面的字符和后面的字符。

这表明检测规则的描述中带有一些类似建议的内容。因此，由用户自行决定此类修改是否可以提高文本的整体质量。然而，必须指出的是，有些规则有时会在完全合法的上下文中触发（称为虚假警报），从而出现过度生成的现象。当规则的精度太低时，规则甚至可能引发沮丧情绪，这就是为什么有时可以禁用（或停用）某个特定的规则。但是也可能出现相反的情况。如果规则在应触发的上下文中却没有触发，则是由于设计不完善引起的。这可能是多种原因导致的。例如，规则是由人制定的，所以有可能规则制定者没有想到规则应涵盖的所有可能组合。又如，与检查过程中使用的工具和资源有关。由上述例子可以看出，一些规则比其他规则更复杂。例如，检测一个三名词系列的规则，就必须依靠外部工具确定名词的内容。这种工具称为词性标记器，因为它会为特定句段中的每个单词（或标记）分配一个词性（Part-of-speech，POS）。LanguageTool 允许用户将词性标记分配给输入的文本，并在界面底部查看处理的结果，如图 3.7 所示。

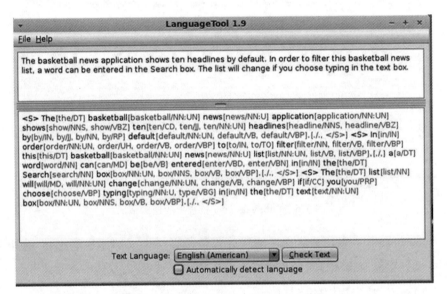

图 3.7　通过标记文本更好地了解检查结果

在输入的文本中，每个单词后都会带有由括号括起的信息（包括用字符"/"分隔的字典表单和词性标记）。"basketball news application"序列（篮球新闻应用程序）检测后显示的是图 3.6 中的一个三名词系列，而"basketball news list"序列（篮球新闻列表）则不是。这是因为"list"（列表）单词具体所指不太明确，可在某些上下文中分配一个动词词性。图 3.7 所示的输出证实了这点，其中"list"被标记为名词（使用标记"NN"），但也将其标记为动词（使用标记"VB VBP"）。由于这种歧义，这个规则并没有在这个特定的上下文中触发。这个示例表明，必须在虚假警报和无警报之间找到正确的平衡，以确保实现预期的语言检查程序功能（如提高文本的可读性或可机译性）。在下一节介绍的一些任务中，重点是解决与语言检查规则相关的特定问题（如评估源语修改对翻译质量的影响）。

3.4 任务

本节包含三个基本任务和三个高级任务，即：

1）评估全球门户的有效性。

2）国际化 Python 源代码（高级）。

3）从 XML 文件中提取文本（高级）。

4）使用 LanguageTool 检查文本。

5）评估源语特征对机器翻译的影响。

6）创建新的语言检查规则（高级）。

第三个实际上是可选任务，但如果想从程序化的角度练习文件和文本处理，则应尝试一下。

3.4.1 评估全球门户的有效性

在这项任务中，读者应打开自己最喜欢的 Web 浏览器，并导航到跨国公司或全球产品的网站（如 Nivea. com、Honda. com 或 Ikea. com），评估这些站点是如何实施全球门户的。第一步是找到全球门户（如果登录页面上没有对此进行明显标示的话）。找到全球门户后，应尝试选择最适合自己通常所在位置的配置（例如，如果自己通常居住在奥地利，应寻找与奥地利语语言区域相关的站点内容），并花一些时间思考这些门户是否遵循了第 2 章"通过全球门户访问"中介绍的国际化原则。

3.4.2 国际化 Python 源代码

在这个任务中，使用了 2.4 节介绍的简单数字猜测游戏的修改版本。像其他代码段一样，可从书籍的配套网站访问其在线网址。虽然这个游戏版本已经过改进，引入了额外的错误检查功能（如程序会在输入的内容不是数字时向用户发出通知），但代码还没有完全国际化，只导入支持国际化的库。xgettext 会生成一些警告消息，如代码示例 3.10 所示。

```
$ xgettext -a secret3.py
secret3.py:36:warning:'msgid'format string with unnamed arguments cannot
    be properly localized:
The translator cannot reorder the arguments.
Please consider using a format string with named arguments,and a mapping
    instead of a tuple for the arguments.
secret3.py:47:warning:'msgid'format string with unnamed arguments cannot
    be properly localized:
The translator cannot reorder the arguments.
Please consider using a format string with named arguments,
and a mapping instead of a tuple for the arguments.
```

代码示例 3. 10　xgettext 的输出

因此，此任务的目标是修改源代码，实现下列效果：

1）每个可译的字符串用代码示例 3.3 中使用的"_( )"结构进行标记。

2）忽略函数参数的值，如"yes"。

3）忽略字符串的文档记录功能（即以"DOC"开头的字符串），因为这些是针对开发人员而不是最终用户的注释。

4）字符串使用有意义的名称而不是"%s"或"%d"进行格式化，以免在运行 xgettext 工具时发出警告。

5）包含含糊不清或模糊可译字符串的行之前有一个注释，提供一些关于该字符串的上下文（见代码示例 3.3）。

在完成修改后，可在 Linux 环境中使用以下命令运行 xgettext 工具：

```
xgettext -c secret3.py
```

该命令应该在工作目录中创建一个"messages. po"文件（其中 – c 参数指示程序提取带有可译字符串的行前面的注释）。然后，使用文本或专用编辑器打开此文件，检查所有字符串是否已随注释一起提取出来。理想情况下，它应与代码示例 3.11 中的解决方案文件类似。

```
#. TRANSLATORS:This message invites the user to pick a positive number.
#: secret3.py:16
msgid "Select a maximum positive number:"
msgstr " "


#. TRANSLATORS:%s is_("Select a maximum positive number:")
#: secret3.py:21
#,python-format
msgid "Wrong input. %s"
msgstr " "


#. TRANSLATORS:This refers to the "Enter" key from the keyboard
#: secret3.py:35
msgid "Enter"
msgstr " "


#. TRANSLATORS:This question asks the user to pick a number and press a key
#: secret3.py:39
#,python-format
msgid "Guess the number between 0 and %(max_number)s and press %(key)s. "
msgstr " "


#. TRANSLATORS:This string tells the user that they have found the number
    after a certain number of attempts
#: secret3.py:50
#,python-format
msgid " "
"You've found '%(secret_number)d' in %(attempts)d attempts!
    Congratulations!"
msgstr " "
```

代码示例 **3.11** 预期输出

3.4.3　从 XML 文件中提取文本

这个任务的目标之一是强化读者在上一章获得的文件和文本处理技能。因此，这个任务的第一步是下载 XML 文件，并将其保存到可从 Python 命令访问的位置。这个文件已在线提供，可使用 Web 浏览器按照 2.7.8 节中的步骤进行访问和保存。如果不想点击图形应用程序，也可以返回，然后通过 urllib 模块以编程方式访问。下载并保存该 XML 文件后，从中提取文本。这是必须完成的操作，因为 LanguageTool 只支持文本文件形式的输入文件。因此，如果直接检查 XML 文件，则会报告错误的标志（虚假报警），如图 3.8 所示，其中高亮显示的是有效的 XML 构造（如 version = ）。

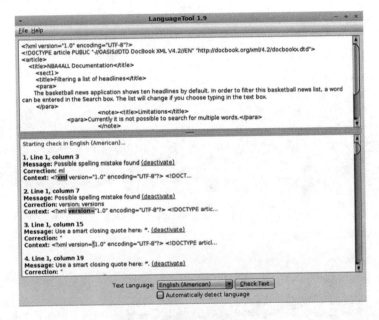

图 3.8　XML 内容的错误报警

为了从该 XML 文件中提取文本，可以使用基于正则表达式的替换。读者可尝试编写一个小 Python 程序，让它读取 XML 文件、删除任何 XML 标记并将文本写入文件，其内容应该或多或少与在线提供的答案类似。

3.4.4　使用 LanguageTool 检查文本

下一个任务的目标是解释由 LanguageTool 提供的检查结果。因此，第一步是熟悉程序，可以通过查看该工具包含的、适用于所选语言的规则实现。[44]然后，可选择进行两个操作：将 LanguageTool 下载到自己的系统或使用在线版本（在线版本不包含独立版本的所有规则和选项）。[45]请注意，独立版本的 LanguageTool 需要先在系统上安装 Java。如果决定使用本地版本，并已满足 Java 环境要求，则可以通过运行以下命令启动图 3.6 中显示的图形用户界面：

```
java - jar LanguageToolGUI.jar
```

如果想要检查文本，可在独立程序的顶部窗口或在线应用程序的演示窗口中键入自己的文本。如果使用的是独立程序，可以检查文本文件，如为之前的练习提供的解决方案文件 udoc. out。[46]如果使用的是在线版本，可以将该解决方案文件的内容复制并粘贴到演示窗口中。请花一些时间根据 LanguageTool 识别的问题编辑所输入的文本。编辑时应该问自己这样一个问题：如果触发了另一个检查，所做的某些更改是否会导致新的问题？如果会，自己应该怎么做？

3.4.5 评估源语特征对机器翻译的影响

在此任务中将使用一个包含故意置入错误的文本。读者可以通过编程或手动访问此文本（可将内容保存在文本文件中，或使用复制粘贴）。[47]在获得了这个不正确的文本后，有两个选项可供选择。第一个选择是使用在线工具，提供集成环境执行预编辑、机器翻译和译后编辑。[48]第二个选择是手动操作，因为要使用 LanguageTool 触发一个文本（可以使用独立版本或在线版本），并修复它识别的问题。同时，还应检查文本的其余部分，确保已识别所有问题。对于工具未发现的问题，是否可以发现其产生的原因？现在应有两个版本的文本：一个是格式不正确的原文本，一个是修改的版本。此时，应使用在线机器翻译服务自动将这两个版本翻译成所选的语言。[49-51]如果很难直观显示原文本的翻译和源语文本之间（或两个不同系统为给定文本提供的翻译之间）的变化，可使用在线工具突出显示其中的差异。[52]现在，请花些时间按下列问题分析结果：

1）你的修改是否提高了翻译的整体质量？

2）这些改进在翻译服务中是否一致？

3）原文本是否存在某些机器翻译服务已"纠正"的问题？如果存在，是否觉得意外？为何存在这样的情况？

4）就你看来，对于源语的一些编辑是否会导致翻译质量下降？

5）如果可以评估另一种目标语言，并使用其他语言重复该翻译步骤，是否仍会看到同样的质量下降或提升情况？如果是，就源语文本的机器可译性而言，你从中获得了哪些启示？

3.4.6　创建新的检查规则

最后一个任务是高级任务。在检查一些文本时，你可能已经注意到某些未被 LanguageTool 发现的问题。对此，有几个可能的解释：①存在规则，但其覆盖范围不足以识别出文本中存在的问题。②没有创建规则。③使用当前的 LanguageTool 技术无法检测到此类问题。如果要解决的问题属于第二类，可尝试创建一个规则。可以使用 LanguageTool 的在线编辑器创建简单的规则。[53]例如，可规定"Search box"（搜索框）一词在文档集中不再具有相关性，改为使用术语"Find box"（查找框）。图 3.9 显示了如何使用正则表达式创建这

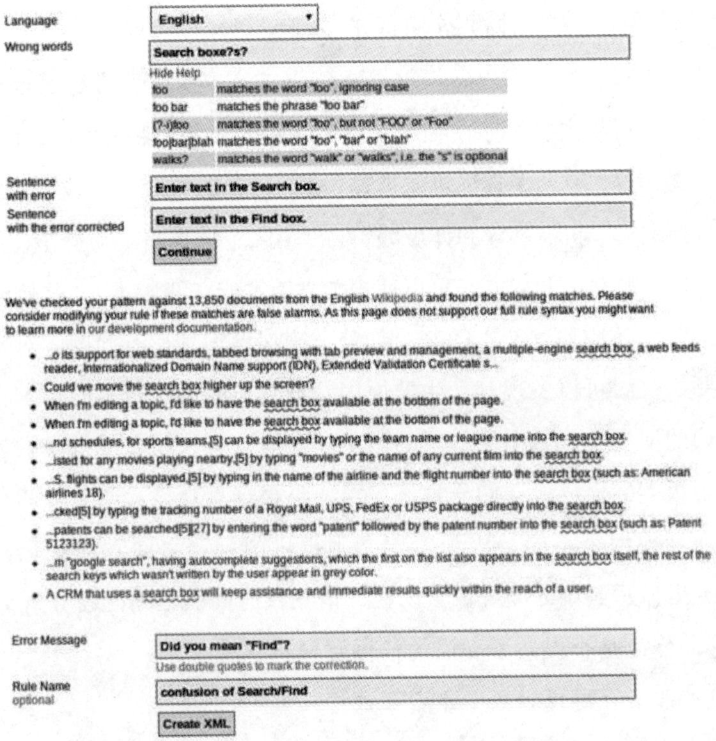

图 3.9　使用正则表达式创建简单的规则

样的规则（以确保可同时检测到"box"和"boxes"）。这个在线系统甚至可对 Wikipedia 内容进行测试检查，以对规则的影响进行评估。

在单击"Create XML"按钮后，系统将提供有关如何使用此规则的说明。这些简单的规则是以简单易懂的 XML 格式创建的，可将其复制并粘贴到用于检查特定语言的 XML 文件中。完成后，应重新启动应用程序，并选择规则，使其在多个上下文中按设想的效果触发，如图 3.10 所示。

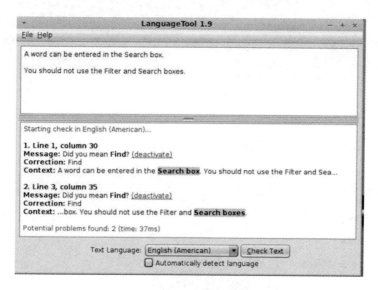

图 3.10　新建规则提供的结果

3.5　相关阅读材料

本章介绍了主要的国际化概念，重点是具体的技术和文档格式（如Python、Django 和 DocBook）。这些概念广泛适用于在全球范围内处理数字内容时可能会遇到的各种技术。这些主题经常在行业活动中广泛讨论，如国际化和Unicode 大会（尽管这些讨论侧重于工程方面）。[54] 国际化是一个非常具有技术性的话题，过去已针对许多语言或平台对其进行过深入探讨，如 Windows（International，2003）、Java（Deitsch & Czarnecki，2001）、.NET（Hall，2009 & Smith-Ferrier，2006）和 Visual Basic（Kaplan，2000）。由于技术发展很快，其中一些资源很可能已过时。读者可以在线查找这些具体技术或标准的其他资源，包括（但不限于）：

1）DITA 可译性最佳做法。[55]

2）Java 编程语言的伪本地化工具。[56]

3）PHP 编程语言的国际化资源。[57]

4）更多编程语言的国际化。[58]

5）Windows Phone 7 应用程序的国际化（和本地化）。[59]

在本章结尾，简要介绍了一些自然语言处理概念（如词性标记）。有关此主题的更多信息，请参见伯德等（Bird et al.，2009）或珀金斯（Perkins，2010）的相关论述以及使用 Python 编程语言的示例。

注释

[1] 参见 https://msdn. microsoft. com/en－us/library/ekyft91f（v = vs. 90）. aspx。

[2] 参见 http://app1. localizingapps. com。

[3] 参见 http://jquerymobile. com/。

[4] 参见 https://www. djangoproject. com/。

[5] 参见 https://github. com/。

[6] 参见 https://bitbucket. org/。

[7] 参见 http://www. madcapsoftware. com。

[8] 参见 http://www. adobe. com/ie/products/robohelp. html。

[9] 参见 http://idpf. org/epub。

[10] 参见 http://xmlsoft. org/XSLT/xsltproc2. html。

[11] 参见 https://help. ubuntu. com/community/DocBook#DocBook_to_PDF。

[12] 参见 http://sourceforge. net/projects/docbook/。

[13] 参见 http://www. w3. org/wiki/Its0504ReqKeyDefinitions。

[14] 参见 http://www. w3. org/International/questions/qa－choosing－encodings#useunicode。

[15] 参见 http://support. apple. com/kb/HT4288。

[16] 参见 https://docs. djangoproject. com/en/1. 7/topics/i18n/formatting#overview。

[17] 对于传统 Python 程序，可以使用 Babel 国际化库实现类似的效果，参见 http://babel. pocoo. org/。

[18] 参见 http://site. icu－project. org。

［19］ A'Design Award & Competition, Onur Müştak Çobanlı and Farhat Datta, 参见 http://www. languageicon. org/。

［20］ 参见 http://www. w3. org/TR/i18n - html - tech - lang#ri20040808. 173208643。

［21］ 参见 https://www. iso. org/obp/ui/#search。

［22］ 参见 https://www. iana. org/domains/root/db。

［23］ 参见 http://en. wikipedia. org/wiki/Generic_top - level_domain#Expansion_of_gTLDs。

［24］ 参见 https://www. gnu. org/software/gettext/manual/html_node/xgettext - Invocation. html。

［25］ 参见 http://virtaal. translatehouse. org/。

［26］ 参见 http://www. framasoft. net/IMG/pdf/tutoriel_python_i18n. pdf。

［27］ 参见 http://docs. oracle. com/javase/tutorial/i18n/intro/steps. html。

［28］ 参见 http://www. gnu. org/software/gettext/manual/gettext. html#Plural - forms。

［29］ 参见 https://docs. djangoproject. com/en/1. 7/topics/i18n/translation/#pluralization。

［30］ 参见 http://translate. sourceforge. net/wiki/l10n/pluralforms。

［31］ 参见 http://msdn. microsoft. com/en - us/library/aa292178（v = vs. 71）. aspx。

［32］ 参见 https://launchpad. net/fakelion。

［33］ 参见 http://www. w3. org/International/articles/article - text - size。

［34］ 参见 http://www. w3. org/。

［35］ 参见 http://www. w3. org/TR/html - alt - techniques#sec4。

［36］ 参见 http://www. w3. org/TR/UNDERSTANDING - WCAG20/visual - audio - contrast - text - presentation. html。

［37］ 参见 http://www. whatwg. org/specs/web - apps/current - work/multipage/the - video - element. html#the - track - element。

［38］ 参见 http://html5videoguide. net/code_c9_3. html。

［39］ 参见 http://www. w3. org/TR/its20/。

［40］ 参见 http://www. w3. org/TR/its20#potential - users。

［41］ 参见 http://www. w3. org/TR/its20#datacategory - description。

［42］ 参见 http://www. w3. org/TR/2013/REC - its20 - 20131029/examples/xml/EXallowedChar- acters - global - 1. xml。版权所有© ［20131029］万维网联盟（马萨诸塞州理工学院、欧洲科学与信息学联合会、庆应大学、北京航空航天大学）保留所有权利。参见 http://www. w3. org/Consortium/Legal/2002/copyright - documents - 20021231。

［43］ 参见 http://languagetool. org/。

［44］ 参见 http://languagetool. org/languages/。

［45］ 参见 https://www. languagetool. org/。

［46］ 可从本书随附的网站访问。

［47］ 可从本书随附的网站访问。

［48］ 参见 http://www. accept - portal. unige. ch。

［49］ 参见 http://itranslate4. eu。

［50］ 参见 https://translate. google. com/。

［51］ 参见 http://www. bing. com/translator/。

［52］ 参见 http://www. diffchecker. com。

［53］ 参见 http://languagetool. org/ruleeditor/。

［54］ 参见 http://www. unicode. org/conference/about - conf. html。

［55］ 参见 http://www. slideshare. net/YamagataEurope/dita - translatability - best - practices。

［56］ 参见 http://code. google. com/p/pseudolocalization - tool。

［57］ 参见 http://onlamp. com/pub/a/php/2002/11/28/php_i18n. html。

［58］ 参见 http://help. transifex. com/features/formats. html。

［59］ 参见 http://www. localisation. ie/resources/courses/summerschools/2012/WindowsPhoneLo-calisation. pdf。

4 本地化基础知识

4.1 概述

第 3 章介绍了传统全球化工作流程的各个步骤（见 3.2.3 节）。"传统"一词在这里指的是经过验证的、可扩展的工作流程，且已被多家公司广泛用来发布其多语本地化产品。此类工作流示例如图 4.1 所示。

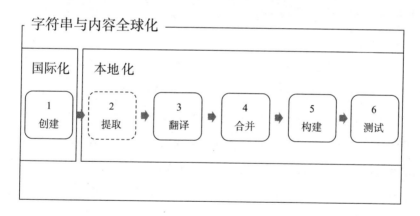

图 4.1 传统的全球化工作流步骤

工作流涉及的步骤很多，包括实施源语内容（无论是软件字符串还是结构化文档）的国际化（包括标记），将源语内容提取为可轻松转换成一种或多种目标语言的格式，进行内容的实际翻译，将翻译的内容合并回原始文件，最后进行一些后期处理（包括质量保证测试），确保前面的步骤都没有引入问题。由于第 3 章已探讨国际化，本章将重点介绍与本地化相关的所有步骤，包括提取、翻译、合并、构建和测试等，这些步骤广泛应用于与应用程序的生态系统有关的各种内容类型，包括软件内容、用户帮助和信息内容。

4.2　软件内容的本地化

第 3 章已从国际化角度介绍了一个简单的 Web 应用程序（即 NBA4ALL），这个应用程序有一个默认的英语用户界面。本节介绍将用户界面转换为其他语言所需的步骤。如 4.2.5 节将简要讨论的内容一样，上述大多数步骤会在专门的商业程序（如 Alchemy Catalyst 或 SDL Passolo）中进行摘要介绍。[1,2]但从译员的角度来看，最好详细了解每个步骤。翻译过程中出现的问题可能源于上游环节（如创建或提取软件字符串期间）的决策，因此必须通过粗浅的示例解释软件本地化的概念。类似地，质量保证测试步骤期间出现的问题可能是由翻译的措辞选择引起的，因此也应了解如何避免这些问题。

4.2.1　提取

默认情况下，3.2.3 节介绍的 xgettext 字符串提取工具会使用 PO 格式为包含源代码或模板的每个文件生成一个目录文件。对于包含大量文件的项目，这种方法可能相当麻烦，因此通常情况下最好将所有可译字符串组合成一个包。通过 Django 框架可轻松完成这种组合任务，这要归功于 makemessages 工具，它会检查项目中的每个文件，并提取任何标记为需要翻译的字符串。[3]在执行此操作时，它会创建或更新特定目录中的目录文件，具体而言是"locale\language_code\LC_MESSAGES"目录，其中"language_code"对应的是特定区域设置的语言代码（如德语为"de"）。目录文件创建完成后，就可以按 4.2.2 节介绍的步骤进行翻译了。

4.2.2　翻译和翻译指南

翻译步骤可以通过多种不同的方式完成，最常见的是安排译员访问或下载目录文件（如 .po 文件），并使用他们选择的程序提供相应的译文（如按 2.5.1 节的说明将译文填充到以 msgstr 开头的行中）。现有的各种在线和桌面工具都可以完成这项操作，包括简单的文本编辑器或高级的翻译环境工具（Translation Environment Tools，TEnT）。

使用专门翻译环境工具的一个好处是可以使用各种强化功能，如翻译记忆库或词汇表，它们会随目录文件一起以翻译包的形式提供给译员。有关翻译记忆和术语词汇表的更详细讨论请参阅第 5 章。当本地化软件字符串时，很多场合也必须遵守各种翻译惯例或规则，因为这些字符串是用户体验的核心。因此，翻译指南也可能包含在翻译包中。这项指南既可以非常简洁，如 Evernote 或 Mozilla 应用程序的翻译指南[4,5]，也可以非常详细，如微软应用程序的翻译指南[6]。虽然这些公司已经公开提供这些翻译指南，但有些公司则认为它们是有价值的知识产权资料，因此决定不予公开。而公开发布的翻译指南通常在行业中广为流传，并得到广泛应用。这意味着经验丰富的译员在项目开始时不需要花太多的时间熟悉具体项目的特定翻译指南。但对于新译员，特定项目的特定翻译指南会是一个挑战，他们可能需要调整自己的翻译习惯才能适应。就软件字符串而言，其翻译指南往往涵盖以下方面：①占位符；②热键标记；③HTML 片段；④语气；⑤缩写；⑥术语。

占位符对应的是特定编程语言的替换标记，如 2.4.1 节介绍的%s 或 {0}。由于这些占位符在执行应用程序时会被替换为特定值，必须将它们保留在翻译文本中。例如，Evernote 翻译指南提到，对于@ {0}、@ {parameterName}、%1$i、nf#之类的占位符，应向译员提供相关的提示。[7]为了适应这种占位符规则，译员应熟悉目标应用程序使用的底层编程或标记语言。

第二类要注意的现象是使用标记标识各个"热键"（或"加速器"）。下一节将对此主题进行全面讨论，但也要注意现有的具体指南（如避免"在具有下划笔的字母如 q 和 g 上使用热键"），以最大限度地提升用户体验（Microsoft，2011：54）。

第三类是 HTML 代码片段。如 3.2.3 节所述，Web 应用程序通常要依靠 HTML 模板生成最终的显示页面。这些模板由 HTML 元素和模板字符串构成，其中一部分会以目录文件的形式提供给译员。如代码示例 3.4 所示，可使用 trans 或 blocktrans 结构标记其中的可译内容。这些结构通常包含文本字符串，也可能包含 HTML 标记，如下面这个可能出现在字符串目录文件中的示例所示：

```
See what your team has been up to thanks to
< a target = "_blank" href = "http://dummysource. com" >
< img src = "http://dummysource. com/logo. png" > </a >!
```

HTML 标记的一个特征是，它不像 XML 那么严格。虽然 XML 文档必须使用正确的格式，才能由专用系统（如 Web 浏览器）进行处理，但 Web 浏览器也会显示不符合 HTML 标准的 HTML 页面。如果在翻译过程中处理了特定的 HTML 标记，则会导致功能的丢失或直观效果变差。[8] 在上面的例子中，HTML 部分以 "< a" 开始，以 "a >" 结束。此代码能在最终的 HTML 页面中导入可点击的图像。如果删除或更改此代码的部分内容，则本地化页面中的图像显示极有可能出现错误。在这个特定的例子中，译员需要完成的主要操作是将序列代码移到目标语言中的相关位置，因为词序可能不同。在某些情况下，如果翻译环境或指南允许，译员完全可以删除或添加 HTML 标记。一些 HTML 元素如 strong 用于强调文本的某些部分，如 "< strong > Warning: </strong > Do not change the settings. "（< strong > 警告：</strong > 不要更改设置）。[9] 根据目标语言的强调表达方式，可以考虑去掉这种使用加粗格式表示强调的方法，改为使用措辞。

最后，值得一提的是 HTML 属性的具体值是可译的，如用于显示图像的 img 元素的 alt 属性，如下述示例所示[10]：

```
See what your team has been up to thanks to
< a target = "_blank" href = "http://dummysource. com" >
< img src = "http://dummysource. com/logo. png"
alt = "DUMMYSOURCE, sports news provider" > </a >!
```

这个示例已经过略微修改，按 3.3.1 节中的建议添加了替换文字，这是出于方便访问的考虑而增强了图像导入效果。在本例中，alt 属性的值必须译成有意义的目标语。对于 "hyperlink" 或 a 元素中的 "href" 属性的值，必须采用类似方法。[11] 在上面的例子中，如果要将该文本译成西班牙语，可以考虑用 href = "http://dummysource. es" 替换 href = "http://dummysource. com" 部分，让用户直接访问目标语网站的相关部分（用户无需在目标语网站的全球门户中选择）。在翻译指南中应明确指出这种更换是否必要或合乎需要。

语气也是软件字符串转换指南中的一个常规重点，必须对目标用户使用一致的语气，并且要符合他们的期望。正式程度会因语言的不同而不同（或因应用程序的不同而不同）。例如，Twitter 上使用的西班牙语翻译指南建议"将用户称为'tú'，而不是'vos'或'usted'，保持语气的非正式性，而不使用那些不是在所有国家具有相同含义的本地或区域俚语或词汇"。[12]另一方面，Microsoft Windows 手机平台的德语翻译指南建议使用直接语气和个人风格："对于德语，应使用正式的第二人称（即使用'Sie'而不是'du'），因为目标观众更喜欢正式、专业的语气，并且不太希望在他们的移动电话上看到到处都是'du'。"[13]

就移动应用程序而言，缩写是一个与之高度相关的问题，因为屏幕空间有限，需要在翻译过程中缩短特定的字符串。因此，翻译指南会提供官方的缩写形式。最后，无论是采取特别指南部分形式，还是术语词汇表形式，都会针对特定应用程序或领域的术语提供具体指导。尽管 5.4 节将对此主题进一步讨论，但值得注意的是，对于特定应用程序，技术准确性是翻译过程中（如果不是最重要的，也是）非常重要的一个特征：因为只有翻译准确，用户才能按照开发人员最初的设计导航和使用应用程序。为此，国际博士①（2003：325）提醒我们，如果没有对产品进行深入了解，本地化人员将无法理解源语文本，因此无法以目标语准确地翻译文本。显然，一些应用程序比其他应用程序的技术性更高，先进的技术技能并不总是至关重要的。

4.2.3 合并和编译

一旦对目录文件中的消息进行了更改，就必须将其转换为编译格式，供 Web 或应用程序使用。另外，依然可以使用 Django 框架轻松实现转换，如使用 compilemessages 工具。在工具成功执行后，会为每个"LC_MESSAGES"目录中的每个 .po 文件创建一个 .mo 文件，如代码示例 4.1 所示。

完成此步骤后，就可以向使用相应语言显示的 Web 应用程序提供这些资源。然后，通过更新语言列表或全球门户，让用户使用这一语言的译文，如第

① 英文原文是 Dr. International。——译者注

```
$ ls locale
de/LC_MESSAGES:
django.mo django.po

es/LC_MESSAGES:
django.mo django.po

fr/LC_MESSAGES:
django.mo django.po
```

代码示例 4.1   查看语言区域目录的内容

2 章"通过全球门户访问"所述。合并和编译过程并不总是一步到位的，因为翻译完成后可能会出现一些特定的技术问题。图 4.2 所示是桌面应用程序（不是支持触摸输入的移动应用程序）中通常使用的"热键"或快捷键。

这些键一般与特定的字母关联［如"File"中的"F"表示可使用如 Alt + F 的助记组合键（Mnemonic Key Combination）访问"文件"菜单，而不是使用鼠标点击菜单］。根据使用的编程语言和图形用户界面（GUI）框架，可以各种不同的方式表示热键。例如，一些应用程序倾向于使用字符串中的 & 或 _ 字符表示随后的字母是一个热键（如"&File"）。从翻译的角度来看，这个字符需要在目标语中予以保留，确保不发生冲突。使用源语语言撰写字符串的开发人员必须确保这些热键字母不会重复。例如，如果应用程序包含"Action"（操作）菜单和"About"（关于）菜单，则必须标识两个热键字母，如图 4.2 所示。

图 4.2 中的简约型应用程序是以 Python 语言编写的，该语言配有 TkInter 图形用户界面工具包，它也是用于构建便携式 Python 桌面应用程序的工具包之一。这个程序很简单，

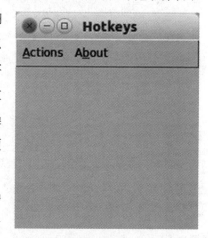

图 4.2   使用 TkInter 工具包的 Python 应用程序中的热键

展示了每个菜单中的热键是如何与不同的字母相关联的。要完成消歧并避免冲突，就必须在源代码中指定特定字母的位置，如代码示例4.2所示。代码示例4.2中显示的代码比本书中迄今提供的任何示例都复杂，读者可能难以理解其中的某些部分。不过，之所以介绍这段代码，是因为希望在翻译流程中避免各种问题。请关注第11~14行。其中两行是注释，目的是告知译员这些热键在菜单字符串中的位置。即使这些位置是由第12行和第14行的"underline"参数的值（即"0"和"1"）确定的，对于无法访问源代码的译员而言，也会无法访问这些位置。当提取可译字符串并生成messages. po文件时也确认了这一点，如代码示例4.3所示。

```
1 import Tkinter
2 import sys
3 from gettext import gettext as_
4
5 class App(Tkinter. Tk):
6  def__init__(self):
7     Tkinter. Tk. __init__(self)
8     menu_bar = Tkinter. Menu(self)
9     file_menu = Tkinter. Menu(menu_bar, tearoff = False)
10    file_menu2 = Tkinter. Menu(menu_bar, tearoff = False)
11    #Translators:hotkey is on first letter
12    menu_bar. add_cascade(label = _("Actions"), underline = 0, menu = file_
         menu)
13    #Translators:hotkey is on second letter
14    menu_bar. add_cascade(label = _("About"), underline = 1, menu = file_
         menu2)
15    file_menu. add_command(label = "Quit", command = quit, accelerator =
         "Ctrl +Q")
16    file_menu2. add_command(label = "Exit", command = quit, accelerator
         = "Ctrl +E")
17    self. config(menu = menu_bar)
```

```
18
19    self.bind_all("<Control-q>",self.quit)
20    self.bind_all("<Control-e>",self.quit)
21
22  def quit(self,event):
23      print "See you soon!"
24      sys.exit(0)
25
26if __name__=="__main__":
27   app=App()
28   app.title("Hotkeys")
29   app.mainloop()
```

代码示例 4.2　TkInter 应用程序中的热键使用（一）

```
$ xgettext -c tk.py
$ tail messages.po
#.  Translators:hotkey is on first letter
#:  tk.py:12
msgid "Actions"
msgstr ""


#.  Translators:hotkey is on second letter
#:  tk.py:14
msgid "About"
msgstr ""
```

代码示例 4.3　TkInter 应用程序中的热键使用（二）

　　代码示例 4.3 中前两行显示的是用于①生成 messages.po 文件的命令；②使用 Linux tail 命令查看其内容的命令，因此只显示该文件的最后 10 行。该文件包含两个待译字符串，并在注释中明确指出了其位置约束信息。在这个特定的例子中，译员必须考虑热键的固定位置，并提出两个译文。如果热键处于目标字符串无法达到的位置，那么寻找可接受的翻译会变得非常具有挑战性。这是测试应用程序时会出现的一类问题，详见下一节内容。总而言之，最佳做法是，开发人员有责任向译员明确指出应该如何处理热键，而译员应该确保遵循注释或指南中提供的建议。当然，也可能会出现更复杂的情况，如代码示例4.2中的第15、16、19行和第20行所示。这些行目前尚未标记为翻译，因此它们没有在代码示例4.3中显示。然而，仔细检查显示，第15、16行确实包含可译字符串Quit、Exit、Ctrl + Q和Ctrl + E。此类字符串会与不同类型的组合键相关联。代码示例4.2中使用了特定字符的位置，这些字符串采用的是第19、20行上传递的值，即"< Control – q >"和"< Control – e >"。当使用这些组合键时，程序会退出。在代码示例4.3中，翻译过程更具挑战性。理想情况下，目标语中的助记键关联应处理为保留字，且毫无冲突，这一点和代码示例4.2中的情况一样。然而，还有一个额外的约束条件，即所选的组合键必须获得GUI工具包和最终目标用户的环境支持。如果在翻译过程中选择了一个特殊的键（如与重音字符相对应的键），当GUI工具包无法处理这些键（因为尚未完全国际化）或其中一个最终目标用户使用的键盘与译员的不同时，就会出现问题。质量保证测试步骤中会检测到这类问题，这同样是下一节的重点。

4.2.4　测试

当应用程序的架构没有遵循国际化原则或最佳做法时，质量保证过程就会出现意想不到的问题（假定全球交付工作流中设有质量保证流程）。本地化质量保证步骤也称为本地化测试，因为在本地化应用程序中只检查翻译文本是否显示正确可能还不够。质量保证流程可以分为功能测试、合规性测试、兼容性测试、负载测试和本地化测试几个方面。实际上，将本地化测试与其他测试类型区分开来可能导致误解，因为应用程序的各个方面（无论是功能、规范或标准的合规性还是与其他应用程序的集成）都可能受到本地化流程的影响。在本地化流程中可能会调整一些核心功能，如6.3.3节所述。每当应用程序进行这种调整时，就需要进行额外的测试。规范或标准的合规性也可能受到本地化流程的影响，因为某些规范可能是专门针对特定语言区域制定的。当第三方的服务具有特殊特征时，还需要针对与第三方服务的集成进行专门测试。例如，与网上银行系统集成的应用程序可能需要使用各种测试配置，具体取决于银行系统所在的国家/地区。举例而言，在本地化应用程序上执行的测试一般包括以下四个方面：

1）确保应用程序在目标平台上运行正常。

2）确保翻译的字符串在应用程序中显示正确。

3）如果适用，确保应用程序可以捕获和处理目标用户的输入。

4）如果适用，确保应用程序的目标语输出显示正确。

在本章前面的示例中，NBA4ALL 应用程序必须使用各种操作系统和 Web 浏览器的组合进行测试，确保核心功能无论在何种组合下都能正常运行。例如，只要用户点击或触摸语言图标，就会显示语言列表。无论用户使用何种本地化操作系统或 Web 浏览器，都不应影响此核心功能。其他类型的检查与用户输入和输出相关。例如，NBA4ALL 应用程序允许用户根据关键字过滤项目，以正确处理用户提供的任何字符，而不论使用的是何种语言。测试所有这些潜在的问题会非常耗时，特别是如果将应用程序本地化为多种语言，且多次在项目期间更新源代码的情况下，如 4.2.6 节所述。

尽管这些方面在发布真正意义上的全球应用程序中极为重要，但与翻译相关的测试通常侧重于检查翻译文本的显示。如 3.2.4 节所述，字符串连接和长度增加（或更糟糕的是缺少翻译）导致的问题会立即产生负面的视觉冲击，因此很容易修复。但是很多时候，可能存在更重要的问题（如阿拉伯语或希伯来语之类的语言出现的文字方向错误），这些问题会真正影响最终用户的体验。因此，为所有这些问题分配严重程度级别是本地化质量保证流程不可缺少的一部分。为了解决这些问题，可以使用各种类型的测试，包括从手动测试到全自动测试。手动测试涉及应用程序的各种屏幕或页面，检查翻译后的文本是否显示正确，且不会误导最终用户。由于可能会在无上下文的环境中实施翻译流程，经常会在应用程序的本地化中发现各种错误，特别是当字符串很短或模棱两可时（如"Share drive"字符串是指共享驱动器，还是指一个包含共享的驱动器）。为了解决因为缺乏上下文而导致的翻译问题，4.2.8 节将介绍一种变通的本地化方法。手动测试步骤还包括与功能相关的检查，以确保应用程序的行为符合当地约定俗成的习惯。例如，如果应用程序的其中一个屏幕允许用户对某些信息（如以表格格式）进行排序，则排序的结果应符合目标语言区域的预期规则（即顺序不一定要与源语语言区域中的相同）。显然，这种手动测试容易出错，并且非常繁琐（特别是当应用程序经常出现更改时），因此通常采用半自动或全自动测试程序验证本地化应用程序的功能和显示。例如，Huxley 就是这样一种工具，可用于实现这一流程的自动处理。[14] 此工具可自动监视浏览器的活动，为每个访问的页面提供截图，并在这些页面出现更改时通知用户。这意味着可在应用程序的子集上执行测试，不用在每次推出新的 Build 内部版本时从头开始重新测试。另一个是 Saucelabs 提供的基于云的服务，可用于在多种平台和 Web 浏览器的组合上自动测试。[15]

字符串长度增加时需要剪切文本，这个问题可以通过多种方法予以解决。如 3.2.4 节所述，避免此类问题的最佳方法是使用响应格式，该格式在源语中不存在固定长度。如果无法实现，则必须使用缩写形式压缩译文。另一个方法是，对需要增加或缩短字符串长度的目标语使用自定义布局。一些欧洲语言很容易出现字符串长度增加（如将英语译成法语和德语时），而一些亚洲语言（如中文）往往会缩短，因此一刀切的做法通常达不到最佳的效果。可以通过调整某些用户界面元素的大小创建自定义布局，这是一种非常流行的方法，可在访问整个源代码或二进制文件时通过专门的本地化工具完成，如 Alchemy Catalyst 和 SDL Passolo，详见下节。

4.2.5　二进制本地化

本章目前介绍的方法都基于一个假设，即在源语应用程序过程中已遵循国际化原则，这样可以自动处理大部分本地化步骤，如 4.2.7 节所述，从而减少由于翻译方面的问题而导致的手动修复次数。然而，在某些情况下仍需手动修复（包括调整布局大小），因此拥有一个支持上下文翻译的本地化环境是大有裨益的。为了让译员或测试人员查看包含可译字符串（如菜单或按钮）的用户界面元素，这些环境必须能够访问源代码文件，而不仅仅是纯文本的字符串目录文件，如 messages.po 文件。根据使用的编程语言，所有源代码文件都可以在单个可执行文件中编译。虽然本书介绍的 Python 代码并不是这种情形，

但对于使用 . NET 框架的 Windows 应用程序而言则很常见。这个可执行文件也称为二进制文件，这就是将涉及专用软件本地化工具的流程称为二进制本地化的原因。此过程假定可以向负责管理本地化流程的人员（或团队）生成源语二进制文件，从而在字符串翻译完成且用户界面组件的大小重新调整后，生成经过本地化的目标语二进制文件。软件本地化工具（如 Alchemy Catalyst 或 SDL Passolo）还包含以生产效率为导向的功能，如翻译记忆库利用、拼写检查和热键检查，可加快本地化流程。

4.2.6 项目更新

代码在项目的整个生命周期中会发生更改，这意味着在翻译字符串期间甚至在翻译完成后还可能更新或添加一些字符串。这些新的或经过更新的字符串通常被称为"增量"字符串。但是如果这些字符串更新频繁，且都是实质性的更新，会导致本地化流程效率低下，因为有些完成的翻译可能白白浪费了。由于这个过程具有敏捷性，不能像传统的大批量本地化那样提供相同的保证；这也是乌尔坦·欧布鲁安（Ultan Ó Broin）强调的一个挑战，他认为"部分传统的本地化流程会随时受到这种敏捷性的压力"。[16] 这种压力源于这样一个事实，即提前和经常地发布各种版本以便获得用户反馈，将导致产品各个部分出现急剧变化（甚至完全弃之不用）。在尚未验证的情况下就将这些部分本地化成许多语言版本，可能导致资源浪费。从软件发布的角度来看，这可能是一个问题，因为翻译成本会高于预期。但从翻译提供商的角度来看，这可能是一件好事，因为这些更新会带来更多的翻译项目。显然，在决定何时进行字符串本地化时，成本并不是软件发布者应该考虑的唯一因素。如果软件发布者要等到所有字符串完全定稿再进行翻译，则字数会增加很多，导致翻译周转时间延长。因此，优化时间和成本（同时保证质量）通常是本地化（项目）经理的职责之一，他将决定字符串的翻译时间和频率。为了避免处理太多的增量字符串，有时可能会在某些项目中使用"字符串冻结"（String Freeze）方法。这种方法非常严格，因为这意味着源语字符串在一段时间后不能更改。虽然这种方法可以使本地化团队有机会制定字符串的本地化规划，但也会导致源语撰写团队无法进行旨在修复语言问题的修改（如基于用户体验反馈）。这种方法违反了 2.1 节中描述的敏捷运动所倡导的原则，因此通常需要进行谈判，以确保源语或目标语内容开发人员可在给定的时间内拿出高质量的作品。

甚至在更新软件字符串时，并不总是会放弃以前的翻译。通常情况下，可从以前的项目中恢复翻译，以在翻译增量字符串时节省时间。这种恢复或利用流程的执行方式很多，通常是使用翻译记忆技术，查找两次翻译间几乎没有变化的字符串。可以通过现有的翻译技术，检索那些与新的或经过更新的句段类似的句段，供译员重用，从而避免重新翻译各种匹配句段。如果以前的翻译质量很高，重用以前的译文显然会提高译员的效率，否则不如重新翻译。决定在重用流程对应使用何种资源，这是本地化（项目或资产）经理的主要职责之一，但译员也可使用自己的资源，提高翻译流程效率。

4.2.7 自动化

最后值得强调的是，在本地化工作流程中，上述大多数步骤通常是自动进行的。如果必须通过运行给定的命令手动创建一组目录文件，或者通过运行另一个命令将翻译的文件合并到主文件中，整个流程不仅非常繁琐，还非常容易出错。因此，通常使用程序或脚本自动处理这些步骤，也可以安排这些程序或脚本定期执行（如在每天的给定时间内），或者在特定操作发生时触发执行。例如，将（开发人员使用的）版本控制系统内发生的活动与在线翻译管理系统的活动关联。还有一种全面自动处理操作序列的方法，是在版本控制系统中设置每次确认（或提交）变更时执行脚本（如 Django 的 makemessages 工具），上述系统主要用于管理全球应用程序的源文件。此脚本还可以验证所有文件是否成功生成，并将其上传到在线翻译管理系统。然后，设置另一个脚本定期监控此翻译管理系统，检查是否提供了新译文；如已提供，则下载已翻译的文件，并执行 compilemessages 工具，将其推送到应用程序。具体的设置多种多样，但关键是避免执行人工操作，以加快本地化流程的速度。其中一种变通方法是让翻译管理系统对版本控制系统进行监控，检测其中是否出现文件的更改。当检测到文件更改时，翻译管理系统会自动更新包含已修改源语字符串的翻译项目。然后，翻译这些项目的译员会收到关于翻译新项目的通知。

最终目的是直接从开发代码的环境管理本地化工作流。上面是本地化提供商（如 Get Localization 或微软）采取的做法，他们提供的工具可让包含可译字符串的文件与翻译文件保持同步。[17,18]这些工具还可让开发人员自动上传需要翻译为在线本地化项目存储库的资源。这种方法的优点是可消除许多步骤以及开发人员和译员之间的利益相关方，但如果源语字符串在实际产品发布之前需要定期进行更改，则可能导致出现很多不必要的翻译。

4.2.8　上下文本地化

前几节重点介绍的是非常程序化的本地化模式，即按规定的顺序执行源语字符串的提取、翻译以及合并到目标语资源中。尽管这个模式有优点（如规模效应），但也有缺陷。一是流程中会牵扯到许多利益相关方，这意味着各个方面都可能出现问题，特别是在没有强大的质量保证环节做后盾时。二是翻译经常会缺乏上下文，这意味着译文的最终语言质量可能与客户的期望不一致。显然，其中一些语言问题可以通过质量保证流程及译员的灵活处理来解决（他们可能需要重新翻译那些译错的字符串），但因为无法从一开始就控制好翻译的质量，自然就谈不上效率。为了专门解决 Web 应用程序的这个问题，最近出现了一个新的模式，即使用各种技术（如 CSS 选择器或 XPath 表达式）从应用程序的显示页面中提取可译的源语字符串（Alabau & Leiva, 2014：153）。这种提取技术也称为"页面"技术，可与实时或上下文翻译工具一起使用。

例如，Mozilla Foundation 推出了一个名为 Pontoon 的项目，它是一个基于 Web 的"所见即所得"型（What-You-See-Is-What-You-Get，WYSIWYG）本地化（l10n）工具，可对 Web 内容进行本地化。该项目基于开源工具（如 gettext），可让译员以查看 Web 页面的方式翻译字符串；并提供了在线演示网站，用户可以在其中针对简单页面测试翻译。[19]图 4.3 显示了如何将 Web 页面分为两部分：顶部的内容部分和底部的翻译工具栏。

翻译工具栏上提供了多个功能，包括使用机器翻译和翻译记忆工具，以及其他用户的翻译建议。用户可以非常方便地将该工具栏最小化，导航到未翻译页面的各个部分。尽管工具栏可使用外部工具，但它不会通知译员那些由于翻译而导致的布局问题。这样，Pontoon 的交互式翻译功能就派上用场了。Pontoon 利用 HTML5 的强大功能，可轻松地通过"contenteditable"内容属性将任

图 4.3 在 Pontoon 中翻译字符串

何只读元素转换为可编辑元素。[20] 图 4.4 显示了如何点击、编辑和保存文本页面元素。保存文本后，页面将显示经过更新的文本，也会显示一些布局问题，如文本因为长度增加而无法放入元素。此时，译员可能需要寻找替代方案，缩短译文或向开发人员报告问题，让他们增加该元素的空间大小。

图 4.4 在 Pontoon 中以交互方式翻译字符串

有关如何完成各种任务（如发布翻译结果）的更多信息，请参见该项目的 Web 网站。[21] 至于从长期角度来看这种基于上下文的本地化模式是否会取得成功，就像 4.2.5 节讨论的桌面应用程序的本地化，还有待观察。

最后，值得强调的是，就目前来看，要将软件字符串与用户帮助内容区分开来变得越来越困难，因为用户帮助内容有时也会嵌入应用程序中。尤其是 Web 应用程序，它会使用图形元素（如"tooltips"或"pop-ups"）提供与上下文相关的帮助，也会在第一次启动应用程序时加载"getting started information"（入门指南信息），以便用户快速浏览应用程序的主要功能。

4.3　用户帮助内容的本地化

用户帮助内容包括用于更好地了解应用程序功能的内容，如用户指南，它可以定义为"计算机系统与人类用户之间的界面"（Byrne，2004：3）。如3.1.2节所述，用户指南通常由称为主题的多个信息单元组成，这些主题的表现形式可以是 XML 文档。XML 是一种创建结构化文档的流行格式，已被多个WYSIWYG/所见即所得字处理应用程序使用，如 Microsoft Office 或 Libre Office，这样就可以使用 Office Open XML 格式或 Open Document Format for Office Applications（ODF）以压缩方式保存文档。[22,23]然而，XML 几乎从未被用作最终文档格式，如像 HTML 或 PDF 那样成为用户使用的最终文档格式。当前，基于 Web 的标记语言越来越受欢迎。以 MediaWiki 标记为例，它可为维基百科之类的网站提供支持，可通过一种半结构化的方式对文本进行格式化，以便将其解析并转换为 HTML 页面。[24]虽然这种类型的标记不如 XML 那样严格，但它通过侧重于内容（而不是格式和布局）的方式提供了一种快速文档写入方法。另一个例子是 reStructured Text 格式，这是 Python 应用程序的流行文档格式。[25]这种纯文本格式不仅可以转换成 HTML 页面，还可以通过离线工具（如 Pandoc）或在线工具（如"Read the Docs"）转换为 PDF 或 MS Word 文件。[26,27]使用 reStructured Text 格式的源语内容必须使用一种特别的方式（即格式规范中赋予了特定含义的字符和结构）进行注释。例如，在某些文本的上方和下方分别使用一行 * 字符，将某一主题的标题分割开来。

用户帮助主题的本地化流程与软件内容的本地化流程有许多相同的步骤。两个流程的主要区别在于如何标记可译内容。对于软件内容的本地化，这个步骤被明确地定义为国际化步骤，但对于不属于源代码结构的文件包含的文档本地化，这个步骤有点模糊。在很多情况下，用户帮助内容的撰写过程中并没有明确说明应该在本地化流程中翻译哪些内容。

一些标准和框架（如 Open Architecture for XML Authoring and Localization，OAXAL）曾尝试提供一种具有本地化思维的用户帮助内容创作方式。[28]不过，它们的使用并不像源代码中的可译字符串的系统标记那样频繁（或流行）。其原因之一是，让源语内容作者知道每个目标语区域应该翻译哪些内容通常非常困难。他们最多能知道（基于涉及重点群体的可用性研究）源语语言区域的用户需要哪些用户帮助内容，但不能保证这些需求将在目标语言区域得到满足。这可能是由于源语市场和目标语市场的结构不同。所以，尽管高级用户指南与源语语言区域可能具有相关性，但与目标语语言区域的相关性可能不大。因此，当本地化专家分析实际内容时，会在下游环节进行相关可译内容的选择。这些本地化专家可以依靠各种标准和工具，如 3.3.1 节中介绍的 W3C 国际化标记集（ITS）和工具（如 ITS Tool），确定 XML 文档中应翻译的内容及如何将可译内容分到容器文件（如 PO 文件消息）中。[29]虽然可以使用软件字符串本地化方法对 XML 文档进行本地化，但必须特别注意 XML 内容的分段。软件字符串往往十分简短，而 XML 主题往往包含几个段落，每个段落又会包含多个句子。在段落级别执行分段规则意味着当从命令行或从图形用户界面使用本地化工具时，最小可译单元可以默认包括多个句子。[30]Rainbox 就是这样一个应用程序，可提供图形化的用户界面执行本地化相关的任务，属于"Okapi 本地化工具箱"套件中的开源程序[31]，可用于自动创建用户帮助内容的翻译包。

4.3.1　翻译包创建

在配置后，Rainbox 可以定义文件处理流程，包括翻译包创建流程。在翻译包创建流程中可以定义多个处理步骤，将原始文件或一组文件转换成供后续译员翻译的包。例如，可能需要转换文件中存在的特定字符（如可能需要将"＞"字符替换为">"字符实体），或将文件从一种格式转换为另一种格式。如果下游存在相关请求（如系统或译员不能处理某些字符或文件格式），就需要进行这种转换。另外，还可能需要设置一些步骤处理下游的偏好（如译员在某一给定的翻译环境中可能效率更高，因此生成的翻译包应该具有环境的针对性，或者说符合环境要求）。第一次为内容所有者提供服务的翻译提供商需要一些特定的辅助材料完成相关工作，此时可以执行其他步骤为他们提供帮助。例如，可以从源语内容中提取通用术语列表，并将其包含在最终的翻译包中。在翻译包准备过程中执行该步骤会很有用，特别是与多个翻译提供商协作时。项目一开始就可以创建一个术语列表，并在整个项目期间与译员共享，而不是在翻译流程中重复翻译这些术语。有关如何创建此类列表的实用信息，请参阅 5.4 节。最后，可以通过实施一些步骤重用（或利用）现有的翻译，而不是从头开始翻译这些内容。在执行了这些步骤后，可以将翻译包直接发给译员或将其上传到翻译管理系统，供翻译提供商处理。

4.3.2　分段

　　无论创建翻译包时的最终目标是什么，分段步骤都极为重要。它会将原始内容分解成更小的语块，提高翻译记忆库的重用效率。分割步骤的另一个作用是确保识别可译元素，这可能要依赖预定义的或自定义的过滤器。[32] 最终翻译包使用的格式不同，分段的结果也可能不同。例如，在撰写本文时，Rainbow 并不支持将源语内容分段成 PO 包。[33]

　　如后文所述，原始源语内容的拆分或分段可能对翻译流程和翻译利用过程产生深远的影响，这意味着必须特别注意分段方式。对于英语之类的语言，尽管可以使用一些非常简单的分段方法，包括使用标点符号（如句号或感叹号后跟一个空格），但如果遇上缩写（如"Dr."）或包含标点符号的、非常规的产品名称（如"Yahoo!"）就会出现问题。因此，句子分段经常取决于翻译的文本类型，通常需要使用自定义规则对现有的规则进行调整，使其适应新的文本类型。

　　分段规则的创建方法很多，可以使用数据驱动的方法，也可以使用基于规则的方法。伯德等（Bird et al., 2009）提出了一个数据驱动方法的例子，将句子分段当作标点符号的分类任务进行处理。当遇到可能表示句子结束的字符时，如句号或问号，就决定是否终止前一个句子。[34] 这种方法依赖已分段的文本语料库，以从中提取相应的特征。此类特征可以包括各种信息，如句中给定令牌之前的令牌、给定令牌后的令牌是否大写，或者给定令牌实际上是否属于标点符号。然后，使用这些特征标记可用作句子分隔符的所有字符。在标记完特征集后，就可以创建分类器，从而确定相关字符是否属于给定上下文中的句子分隔符。接着，使用该分类器对新文本进行分段。

　　分段规则也可以使用 SRX（Segmentation Rule eXchange）进行手动定义，它是一种基于 XML 的标准，允许在系统之间交换规则。[35] SRX 的定义分为两个部分：适用于每种语言的分段规则规范（由 language rules 元素表示）及如何将分段规则应用于每种语言的规范（由 map rules 元素表示）。使用此标准可以定义两种类型的规则：标识表示分段中断的字符的规则及指示异常的规则。例如，可以定义一个中断规则，用来标识句号后跟任意数量的空格，并定义一个非中断规则，列出各种缩写词。有关此类规则的示例如图 4.5 所示，其中 Okapi Ratel 程序用于创建和测试规则。[36]

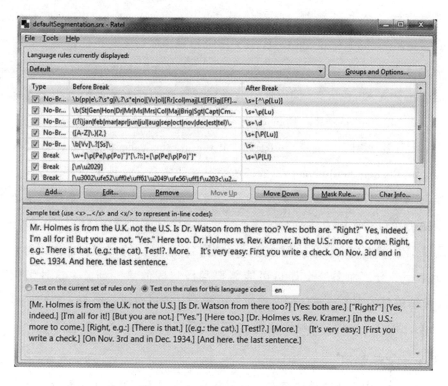

图 4.5　在 Ratel 中编辑分段规则

可以使用符合 ICU（International Components for Unicode）语法的正则表达式创建 SRX 规则。[37]显然，规则会因自然语言的不同而不同。虽然某些语言可能会重复使用一套通用的规则，但还需要使用针对特定语言的例外规则。

在图 4.5 的英语示例中介绍了 Okapi Framework 提供的默认分段规则是如何对文本进行分段的（在屏幕底部可以看到分段分隔符使用的是方括号）。Ratel 环境可以轻松检查具体规则的影响，因为可以使用图形界面禁用规则，并自动重新载入分段更改。至关重要的是能够识别和解决给定翻译项目中的分段问题。实际中存在两类分段问题：第一类与前面提供的示例有关，会导致最终翻译包中的段落分段不当。这个问题非常严重，因为它可能导致无法利用现有的翻译（这又可能导致浪费时间，因为要从头开始重新翻译相关内容）。第二类问题是不应该分段时出现了分段。例如，如果没有对"Yahoo!"产品名称制定例外分段规则，那么对于"感叹号后面至少有一个空格时即进行文本分段"这样一条分段规则，遇到句子"If you use the Yahoo! search engine, your search results may be different. "时，会出现生成过多句子的情况，很可能生成两个句段，即"If you use the Yahoo!"和"search engine, your search results may be different. "。同样地，这个问题会影响现有翻译的利用，因为可能忽略"If you use the Google search engine, your search results may be different. "这个句子，而这个句子和"If you use the Yahoo! search engine, your search results may be different. "的匹配率其实非常高。这种不必要的分段还可能导致另一个后果，即形成很小的、语法不正确的文本单位。当后续环节必须翻译这些单位时，因为格式不正确，必然会令译员或机器翻译系统迷惑不解。如果翻译任务由多个译员执行，这一问题则会恶化。一个译员可能需要翻译句段的第一部分，而另一个译员可能需要翻译句段的第二部分。这种情况与3.2.4 节解释的字符串连接情况相似，可能十分难以解决，因为无法将两个译文结果合并成一个具有正确语法的目标语句子。

4.3.3　内容重用

用户帮助内容比软件内容多，且重复性更高。为了避免重新翻译内容，内容重用成了本地化流程的关键步骤。传统上看，桌面程序往往每年或每几年更新一次。例如，Microsoft Office 是一个广受欢迎的办公软件套件，已发布了各种版本，如 Microsoft Office 2007、Microsoft Office 2010 和 Microsoft Office 2013。虽然每个版本中都添加了新功能，但已有的一些组件可能几乎没有任何变化。从文档角度来看，这意味着现有内容的很大一部分可通过某种方式重复使用，而不是一切从头再来。从翻译的角度来看，这意味着可以重复使用现有的翻译。不过，问题是如何确定内容重用的详细级别，特别是确定内容语块的大小。具体来说，是应该在文件级别、主题级别、段落级别、句子级别还是在分句级别上进行重复使用？有人认为，句子级重用可能影响文档的连贯性和一致性，特别是在重用句子来自多个作者生成的各种各样的文本类型时（Bowker，2005）。为了解决这个问题，可以考虑上下文，确保使用给定句段前后的句段识别最佳匹配句段，以进行重用。这类句段也称为"上下文（精确）匹配"。

其他人认为，连贯性和一致性问题只有在读取完整内容时才会出现（但用户帮助内容并不总是如此，详见第 3 章"Web 和技术内容撰写原则"部分）。在确定给定场景的最优重用方法时，需要考虑多个变量。这些变量归属于三个众所周知的方面：成本、时间和质量。从成本角度来看，必须考虑诸如提供重用功能的技术成本的变量。如果使用技术的目标之一是降低翻译成本，那么应考虑潜在的成本节约。从时间角度来看，应该评估重用技术的性能和可伸缩性。存储库系统用于查询语块匹配情况，但随着添加的内容越来越多，查找匹配句段所需的时间会显著增加。从质量角度来看，必须定义各种检查类型，确保内容存储库的质量不会随时间的推移而下降。根据所管理的内容大小，这种多变量分析会变得非常复杂。有关管理（多语）内容语块（文档、段落或句子）的各种技术和策略的详细讨论请参见罗克利等（Rockley et al.，2002）的相关论述。从翻译角度来看，重要的是各种重用方法如何影响翻译流程。以下重点介绍最常用的句段级别的重用方法。

4.3.4　句段级别重用

句段级别重用是撰写流程、本地化流程和翻译流程中使用的一个概念。在创作过程中，源语内容作者可以通过撰写技术（有时称为撰写记忆库）获取建议，从而利用以前的工作成果（Allen，1999）。当撰写文本时，可通过查询句段数据库查看是否存在相似或相同的内容。如果存在，则向用户提供建议，供他们选择使用，而不用创建一个全新的句段。在本地化中，这种方法一直（目前也仍然）非常流行，它可由许多利益相关方执行，包括软件发布者、语言服务提供商和译员。所有这些利益相关方均可在翻译前分析源语内容。这种分析的目的是确定现有翻译是否可用于特定句段（特别是那些在内容中经常重复的句段），以避免重新翻译。因此，这种方法的主要推动因素是减少翻译内容所需的时间。虽然在翻译记忆管理细致的情况下这种方法的效果良好，但以前的研究表明，随着时间的推移，各种不一致很容易蔓延到翻译记忆库中（Moorkens，2011），并且可能影响译员的生产效率。

句段级别重用可以通过两种方式执行：批处理模式和交互模式。在批处理模式下，分析的目的是找出有多少内容可在选定的源语内容上重复使用。这个步骤对于估计完成翻译任务所需的时间非常有用。这个估计将基于一些假设。例如，假设用于分析的存储库中包含的句段质量符合为新项目定义的质量期望。借助于 Rainbow 程序，可以通过生成范围报告执行此重用分析步骤。[38] 然后，在翻译包中纳入重用句段，以在翻译流程中对其进行确认或编辑。

在交互模式下，可以针对每个句段查询重用存储库。每当句段变为活动状态（通常是译员正在翻译）时，就会进行查询。许多译过的内容不会再译，而是根据新句段与重用存储库中的一个或多个句段的相似性或匹配情况直接显示给译员。所有翻译记忆系统都提供了设置匹配率阈值的功能，凡是低于给定阈值的句段，软件将予以忽略，不提供匹配译文，而是由译员提供新的翻译。

还有一种在这个方法基础上略加修改形成的做法，即使用机器翻译系统提供翻译建议，然后由译员执行译后确认或编辑，形成最终译文。米格（Muegge，2001）描述了这种方法，他建议使用 TMX 标准导出不匹配的句段，执行机器翻译并重新导入翻译记忆系统。在这种情况下，必须对匹配阈值进行识别，以决定何时应使用翻译记忆库建议，何时应使用机器翻译建议。根据布鲁克纳和普利特（Bruckner & Plitt，2001）的观点，在本地化方案中使用翻译记忆技术，对于匹配率在 75% 以上的内容，部署机器翻译几乎没有必要。翻译记忆库和机器翻译（再加上译后编辑）的结合使用可以提高生产效率。例如，弗卢努瓦和杜兰（Flournoy & Duran，2009：2）的报告指出，"初步结果表明，在大型文档本地化项目中，机器翻译的译后编辑比人工翻译快 40%～45%"。最近的系统已不再设置硬性阈值，而是尝试从可能需要多少编辑的角度，根据每个建议的适用性推荐采用机器翻译还是采用翻译记忆库技术。根据一份邀请专业译员参与的实验研究结论，这种方法可以减少编辑的工作量（He et al.，2010）。

4.3.5　翻译指南

　　4.2.2 节介绍的软件字符串翻译指南也可应用于用户帮助内容（如处理 HTML/XML 句段）。但是用户帮助内容本身也有专门的翻译指南。例如，《微软法语语言风格指南》提到"在本地化各种元素……时，记住不应以相同的方式处理（如）软件和帮助文档"（Microsoft，2011：41）。[39] 显然，指南是具有语言针对性的，因为某些语言现象在特定语言中不存在。例如，《微软德语风格指南》包含有关如何使用属格的部分，但这不适用于其他语言，如法语或意大利语。因此，不可能给译员提供一份涵盖所有类型内容的用户帮助内容翻译指南。一般指南通常涉及以下内容：①大写；②间距（空格）；③标点；④语气（正式与熟悉）；⑤语态（主动与被动，直接与间接）；⑥性别和冠词（特别是外来语）；⑦合成词；⑧术语。

　　其中大多数是一目了然的，所以建议译员最好熟悉客户定义的翻译指南。在某些情况下，也有人认为这些指南是译员群体得出的最佳实践做法。例如，在 Mozilla 支持文档译成法语的特定做法惯例中，就包括在步骤列表使用祈使句和在标题中使用不定式的选项。[40] 然而，应该强调的是，给译员提供的参考资料有时多得不可胜数，而且相互之间可能出现冲突。例如，微软（Microsoft，2011：7）从拼写和语法角度列出了四个可供查询的规范来源，建议"如果这些来源支持使用多个解决方案，则译者应该查看风格指南的其他部分，寻求最好的译法或建议。"由于提供给译员的其他翻译材料（如翻译记忆库）也可能出现与指南不一致的情况，进一步恶化了上述问题。因此，译员必须了解在哪些具体项目中应该采用哪些用法，但这具有很大的挑战性，通常建议的做法是与翻译客户核实。还可以使用特定语言区域的指南淡化源语文本的含义。微软（Microsoft，2011：40）就曾经警告译员，"措辞过于绝对，就无法给例外或失败留下任何余地，例如，'solves all issues, fully secure, at any time'（解决所有问题、完全安全、任何时候），这些说法在法国、加拿大和比利时市场都有严重的法律风险。"

4.3.6　测试

　　如前所述，翻译完成的软件字符串在合并到应用程序代码库后需要进行功能和显示测试，与此类似，翻译后的用户帮助内容也必须进行相关的验证和测试，确保翻译流程中不出现问题（如删除了重要的 XML 元素）。就验证而言，检查的内容应包括翻译文件的编码是否正确、格式是否良好及可否用于显示最终文档。Rainbow 之类的工具可以协助执行这些检查，如验证 XML 文件。[41] 如果最终文档包含特殊组件，如索引或搜索功能（详见下一节），则还需要进行其他测试。

4.3.7　其他文档组件

用户帮助内容的本地化不限于内容本身的翻译。通常，书中的一系列主题中还会带有文档的附加部分（如词汇表或索引）。某些特定语言区域的要求可能规定必须根据各种文化预期进行删除、添加或修改操作。尽管这项工作的一个重要方面是界面显示，并且涉及最终文件的布局（如内容目录的位置、包含层级的数目），但其他方面则与文档中使用的语言有关。例如，特定语言区域的索引需要的层级深度比原文多。2.5.2 节介绍了 Docbook 的 indexterm 元素。虽然原始文档只具有一个深度级别，但本地化文档可能需要两个，这意味着在本地化流程中必须添加语言内容。添加内容意味着本地化文档的大小可能增加，而大小增加可能会导致格式问题，这又取决于在多大程度上考虑了原始文档的国际化。显然，如果使用特定语言区域的元素创建内容，则需要使用特定语言区域的格式化规则。

用户帮助内容的另一个重要特征是必须具备可搜索性。即使文档集分解为单个主题，用户也很少会通过查找主题列表的方式查找他们感兴趣的内容。相反，用户往往使用搜索引擎或应用程序中提供的搜索功能查看已编译的文档集。通常情况下，查找桌面应用程序中编译的文档集时可以单击问号图标，会显示一个搜索框，方便用户输入查询，并（当然也希望）返回相关的文档部分，不用详细了解搜索引擎是如何工作的。这里值得一提的是语言方面的问题，因为（本地化）文档集只在可以找到信息时才有用。翻译那些他人无法查找或读取的内容似乎是件徒劳无益的事情。从语言的角度来看，应考虑以下三个方面：①编码和语言检测；②分词；③正则化。

首先，最终文档集的搜索功能应该支持最终用户环境所使用的编码。虽然这个要求属于国际化而不是本地化领域，但语言检测是与本地化明确相关的问题。不能保证本地化应用程序的用户会以用户界面字符串的显示语言执行搜索。但关键是能实现这一点：使用给定的语言执行了搜索查询，且用户期望使用这种特定语言的结果。然而，检测短字符串的语言并不是一件容易的事情，因为往往没有足够的信息消除那些通用字符和单词的各种语言之间的歧义（Vatanen et al.，2010）。例如，在法语和英语中，搜索词语"email confusion"的效果相同。

其次是将用户查询分割为单词。搜索引擎会根据索引将用户查询与文档进行匹配。由于索引通常由单词构成，必须将用户查询分段为单词，以与现有的（相关）文档进行匹配。最后一个方面是正则化，也就是将单词变形（从大小写或连字符的角度）正则化为通用形式，以最大限度地提高搜索结果的相关性。例如，如果用户使用单词"e-mail"进行查询，返回包含单词"email"的文档也应是对的，因为这个单词的两个变形指的是相同的概念。将句子（或文本段）分解成单词，并对单词进行正则化处理属于自然语言处理任务；根据所涉及的语言，这些任务可能非常复杂，将在 6.3.3 节中进行详细说明。

4.4　信息内容的本地化

信息内容与脱机文档内容在很多方面都不同，包括生命周期的长短及其与在线机器翻译系统的密切关系。

4.4.1　在线信息内容的特征

尽管软件内容（一定程度上也是脱机文档内容）在一段时间内是相对稳定的，但在线信息内容却容易出现变化。例如，语块信息的数字生命周期更短，如新闻条目或季节性的博客帖子。从翻译的角度来看，这意味着必须在信息过时之前尽快翻译出来。此时使用传统的本地化工作流并不总是可行，因为可能译完的内容尚未合并到目标语言资产中，这些信息就已经过时了。NBA4ALL 应用程序显示的新闻条目就是这样的例子。如 3.1.1 节所述，新闻内容由新闻发布者提供并存储在数据库中，供 NBA4ALL 应用程序进行检索。

如果要翻译这些内容，则必须将其迅速提供给译员。可以使用多种方法实现这一目标，如4.2.2、4.2.8节中提出的方法。另一种方法是使用机器翻译，如下一节所述。

在线内容的另一个文字特征是使用超链接将用户引导到其他资源。在技术支持方面，有关资源在解决问题时是非常有价值的，特别是当用户意识到没有找到正确的文档时。超链接可让用户访问多个文档信息，因此打破了传统文档的整体结构。只要用户可以找到所需的全部信息，是否阅读了一些或所有的一个或多个文档对他们而言并不重要。不过，在这种方法中，超链接引用的目标内容的语言要与原内容的相同，这一点十分关键。当在寻求信息的过程中破坏了本地化的链接时，有时会产生挫败感。

4.4.2　在线机器翻译

当未提供翻译时，用户会使用在线的通用机器翻译系统对原始内容进行粗略翻译。这种情况可以描述为"零本地化"方法，因为启动翻译流程的责任在用户身上，不是在内容提供者身上。非正式的报告表明，一些用户对通用在线系统（Somers，2003）的功能表现出务实的态度，这可帮助他们克服沟通障碍。有些系统（如 Google Translate）日益受到欢迎也进一步证实了这一点。[42]然而，很难评估机器翻译的译文对用户的有用性，如杨和兰格（Yang & Lange，2003）指出的，特别是当发布的内容类型针对的是特定领域，且需要一定程度的质量时。为了解决这个问题，人们越来越多地使用自定义机器翻译系统对内容进行预翻译，然后对其进行审校（或译后编辑），使之达到可接受的质量标准。如微软（Richardson，2004）或戴尔这样的软件发布商一直在为网站某些部分的用户提供经过优化的机器翻译内容。[43]在此类场景中，机器翻译的使用仅限于翻译文本内容，这意味着将使用此方法对包含嵌入式视频的技术支持文档进行部分本地化。[44,45]

在最终切实发布机器翻译内容（非即时翻译）的情况下，给定目标语的用户就可以查找这些内容。尽管对于那些能够首先找到源语内容并根据自己的需要判断其相关性的用户来说，向他们提供一种翻译选项，将内容通过机器译成他们所选的语言是行之有效的，但对于无法做到这一点的用户却并不适用。

在某些情况下，机器翻译的信息内容可由搜索引擎生成索引，从而为用户提供查找这些内容的机会。在找到并访问此内容后，如果用户的反馈意见表明内容的质量不高，软件发布者可选择对其进行审校或译后编辑。在某些情况下，也可向内容消费者提供修改内容或改进机会。提高机器翻译内容质量的另一种方法是，以第3章"受限语言规则和（机器）可译性"部分所述的特殊方式撰写源语内容。罗蒂里耶（Roturier，2006）的研究表明，当特定的撰写规则与自定义的、基于规则的机器翻译系统结合使用时，可以显著提高机译的技术支持内容的可理解性。

4.5 结论

本章涵盖了很多基础知识，重点介绍了各类数字内容的本地化。随着现代Web应用程序的出现，软件字符串、文档内容和信息内容之间的区别不再那么明显。本章对这些内容进行了分析，详细说明了关键的本地化流程，并介绍了一些可用于促进此类进程的工具。无论属于哪种类型的内容，典型的本地化流程都会涉及三个基本步骤：提取、翻译和合并。现代本地化流程尝试消除其中大部分的复杂性，而高度复杂是20世纪90年代和21世纪大型本地化项目的特征。这些现代流程往往依赖于灵活的工作流程对内容进行连续的更新。上下文本地化技术也很受欢迎，因为它们可最大限度地减少开发优质产品所需的质量保证工作。此类技术给翻译界带来了极大便利，因为译员们不用根据孤立的意群进行翻译，而将注意力放在如何做好翻译上，使之完全贴合源语字符串所在的上下文，从而最大限度地提升最终用户的体验。

不过，文档和信息内容可能不限于文本内容。如哈默里奇和哈里森（Hammerich & Harrison，2002：2）所说，"content"（内容）一词指的是"Web站点上的书面材料"，而"视觉对象指的是所有形式的设计和图形"。这类内容将在6.1节详细说明。

4.6 任务

本节分为以下三个任务：

1）使用在线本地化环境进行软件字符串本地化。

2）翻译用户帮助内容。

3）评价翻译指南的有效性。

4.6.1　使用在线本地化环境进行软件字符串本地化

这个任务的目的是使读者熟悉如何使用在线本地化环境翻译软件字符串，包括以下四个步骤：

1）查找合适的软件项目。

2）获取可本地化的资源。

3）创建在线翻译环境的账户，并创建在线本地化项目。

4）翻译相关资源。

（1）查找合适的软件项目

很多软件代码存储库是在线提供的，如 Github 或 Bitbucket，可在其中找到开源代码。[46,47]如第 3 章所述，应浏览或搜索其中一个存储库，以查找自己感兴趣的、理想的国际化项目。[48]显然，寻找以英语为用户界面语言的项目比寻找任何其他语言的项目都容易。理想情况下，软件项目应包含可本地化的资源（最好采用 PO 或 XLIFF 格式）。尽管现在对 Python 代码应该是最熟悉了，但仍然可以使用其他编程语言（如 PHP）完成任务。为了找到合适的项目，可浏览所选的在线存储库，并查找包含"locale"（语言区域）目录的项目目录结构。如果在这个目录中找到 .po 文件，则意味着字符串已被项目负责人进行了外部处理。此时，应该能在接下来的步骤中对这个应用程序进行本地化。为了找到国际化项目，在 Github 上搜索项目时必须使用关键词和通配符，如下面的查询示例所示，该行代码表示会在其中的所有存储库文件中搜索单词"finance"和"gettext"。

```
finance gettext repo:* /*
```

如果找不到想要的项目 .po 文件，应继续执行下一步。

（2）获取可本地化的资源

第二步是获取可本地化的资源（如果项目包含多个 PO 或 XLIFF 文件，表示有多个资源）。获取方法有两种。一种是使用所选的在线存储库创建账户，然后在账户中创建此项目的副本。在线代码存储库中托管的公开项目往往是开源项目，只要遵守许可证的条款和条件，通常允许复制代码（也称为"fork"，即复制一份）。如果觉得这个过程麻烦，也可将代码副本下载到电脑。如果在以前的任务中找不到这样的.po 文件，则需要使用工具（如 xgettext）生成该文件。除了 3.4.2 节中提供的方法，还可以在线查找其他附加信息[49]。

（3）创建在线翻译环境账户，并创建在线本地化项目

下一步是创建一个环境，以轻松地进行软件字符串的本地化。在线服务非常适合完成这项任务，包括 Transifex，它是一种在线本地化管理服务。通过注册页面，可轻松创建免费账户。[50]拥有 Transifex 账户后，就可以创建项目并导入要本地化的资源，将.po 或.xliff 文件上传到项目中。

（4）翻译资源

在上传资源后，只要针对特定语言区域定义了相关的子项目，就可以将其内容翻译成多种语言。例如，在创建了意大利子项目后，就能将本地化的资源翻译成意大利语。应尽可能多地翻译自己可以翻译或想要翻译的字符串，同时注意以下两个规则：第一，应特别注意 4.2.2 节中介绍的占位符，确保不破坏源代码格式；第二，要注意源代码开发人员留下的注释（提供有关上下文或长度限制的信息）。如代码示例 4.3 所示，注释在有效处理热键方面极其有用。在这个子任务中，应分析项目负责人是否提供了任何信息，以便在上下文中检查翻译质量。如果没有可用的信息，是否可以参考源代码本身，对特定字符串的上下文进行检查？经过分析后，是否觉得可以安全地翻译所有的字符串？或者，是否认为某些字符串太过模糊，无法非常自信地提供翻译？

4.6.2 翻译用户帮助内容

这个任务的重点是在线技术支持文档的本地化，它包括以下两个步骤：

1）查找合适的文档本地化项目。

2）使用翻译指南翻译文档。

（1）查找合适的文档本地化项目

第一步是查找用户帮助文档的本地化项目，并迅速批准参与的翻译人员。一些组织会向在线（注册）用户提供技术文档，以便他们开展协作式翻译。

然后，安排内部人员或语言服务提供商审校这些用户提交的译文，再进行发布。下面以 Evernote 为例说明如何进行设置，该客户需要将技术支持文档从英语翻译成多种目标语言。[51] 在撰写本文时，Evernote 的在线翻译管理环境由 Pootle 社区本地化服务器提供支持，[52] 需要用户注册才能提交翻译。[53] 如果不想注册账户（如有些用户可能不同意其条款和条件），则可以选择其他已设置为托管各类本地化项目的 Pootle 服务器。[54] 在注册登录后，可以选择相应的文章，将其译成所选的语言（理想情况下应该是尚未翻译过的语言）。

（2）使用本地化指南和 Pootle 翻译文档

第二步是翻译。为了进行文档翻译，应先仔细阅读并使用内容提供商提供的翻译指南（如 Evernote 提供了一个简短的指南列表）。[55] 在这个任务中还应考虑是否可以对这些指南进行扩展或修改（如果可以，应如何进行扩展或修改）。此外，应该考虑翻译环境的有效性，其界面如图 4.6 所示。

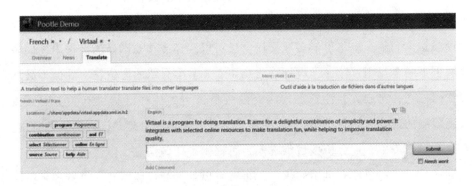

图 4.6　在线 Pootle 翻译环境

在本任务中，应找出上述环境中最有用的功能，以及有助于提高翻译效率但未发现的任何其他功能。由于 Pootle 是开源软件，还应查看项目页面，其中可能包含一系列未来计划提供的功能。[56] 如有可能，也可以考虑申请加入 Pootle 开发项目，提出自己希望使用的功能设想。

4.6.3　评价翻译指南的有效性

在此任务中，必须先找出应用程序发布者在线提供的翻译或本地化指南。本章已在多处提供了此类指南的示例，但可能还必须继续搜索，找出与自己最擅长的语言对相关的指南。如果找不到，可查看 Twitter 提供的指南。[57] 在确定相关指南后，仔细阅读一遍，熟悉其中的内容。阅读时应考虑它们与自己所用语言的习惯是否一致。此任务的第二步是按照这些翻译指南浏览已译成特定目标语的内容。根据有关评估 Twitter 指南的建议，可访问 Twitter 的支持中心，并从语言列表中选择一个相关的目标语。[58]然后，浏览已经翻译的文件，并确定在翻译流程中是否切实遵守了指南中的规定。根据完成的翻译内容分析，看是否应使用其他的例子对部分指南进行细化或补充。

4.7 相关阅读材料和资源

本章不可能面面俱到地介绍当前应用程序涉及的所有开发技术。显然，本章未提及 Android 和 iOS 平台，而这两个平台在移动世界中极受欢迎，可以在线查看官方的本地化资源。[59,60]本章亦没有详细介绍内容管理系统，这些系统正越来越多地用于为各种类型的 Web 应用程序——从媒体门户到网上商店——提供服务。此类系统的例子有 Drupal、Joomla 或 Microsoft Share-Point。[61-63]这些系统中的大多数都提供了丰富的生态系统扩展，其中一些可用于创建多语言内容（如面向 Drupal 的 Lingotek Translation）。[64]

注释

[1] 参见 http://www.alchemysoftware.com/products/alchemy_catalyst.html。

[2] 参见 http://www.sdl.com/products/sdl-passolo/。

[3] 参见 https://docs.djangoproject.com/en/1.7/topics/i18n/translation#localization-how-to-create-language-files。

[4] 参见 https://translate.evernote.com/pootle/pages/guidelines/。

[5] 参见 https://www.mozilla.org/en-US/styleguide/communications/translation/。

[6] 参见 http://msdn.microsoft.com/library/aa511258.aspx。

[7] 参见 https://translate.evernote.com/pootle/pages/guidelines/。

[8] 存在一种更加严格的 HTML 版本，也称为 XHTML（Extensible Hyper Text Markup Language，可扩展超文本标记语言）。该版本由 XML 处理器解析，因此对语法错误更为挑剔。

[9] 参见 http://www.w3.org/TR/html-markup/strong.html。

［10］参见 http://www. w3. org/TR/html－markup/img. html。

［11］参见 http://www. w3. org/TR/html－markup/a. html。

［12］参见 https://translate. twitter. com/forum/forums/spanish/topics/3337。

［13］参见 http://www. microsoft. com/Language/en－US/StyleGuides. aspx。

［14］参见 https://github. com/facebook/huxley。

［15］参见 https://saucelabs. com。

［16］参见 https://blogs. oracle. com/translation/entry/agile_localization_more_questions_than。

［17］参见 http://blog. getlocalization. com/2012/05/07/get－localization－sync－for－eclipse/。

［18］参见 http://msdn. microsoft. com/en－us/library/windows/apps/jj569303. aspx。

［19］参见 https://pontoon－dev. mozillalabs. com/en－US。

［20］参见 http://www. whatwg. org/specs/web－apps/current－work#contenteditable。

［21］参见 https://developer. mozilla. org/en－US/docs/Localizing_with_Pontoon。

［22］参见 http://officeopenxml. com/。

［23］参见 http://opendocument. xml. org/。

［24］参见 http://www. mediawiki. org/wiki/Help: Formatting。

［25］参见 http://docutils. sourceforge. net/rst. html。

［26］参见 http://johnmacfarlane. net/pandoc/。

［27］参见 https://readthedocs. org/。

［28］参见 http://www. xml. com/pub/a/2007/02/21/oaxal－open－architecture－for－xml－au-
thoring－and－localization. html。

［29］参见 http://itstool. org。

［30］参见 http://manpages. ubuntu. com/manpages/gutsy/man1/xml2pot. 1. html。

［31］参见 http://www. opentag. com/okapi/wiki/index. php? title = Rainbow。

［32］参见 http://www. opentag. com/okapi/wiki/index. php? title = HTML_Filter。

［33］参见 http://www. opentag. com/okapi/wiki/index. php? title = Rainbow_TKit_－_PO_Package。

［34］参见 http://nltk. googlecode. com/svn/trunk/doc/book/ch06. html#sec－further－examples－
of－supervised－classification。

［35］参见 http://www. ttt. org/oscarstandards/srx/srx20. html。

［36］参见 http://www. opentag. com/okapi/wiki/index. php? title = ratel。

［37］参见 http://userguide. icu－project. org/strings/regexp。

［38］参见 http://www. opentag. com/okapi/wiki/index. php? title = Scoping_Report_Step。

［39］ 所有 Microsoft 风格指南的下载网址为 http://www. microsoft. com/Language/en – US/ StyleGuides. aspx。

［40］ 参见 https://support. mozilla. org/fr/kb/bonnes – pratiques – traduction – francophone – sumo。

［41］ 参见 http://www. opentag. com/okapi/wiki/index. php? title = XML_Validation_Step。

［42］ 参见 http://news. cnet. com/8301 – 1023_3 – 57422613 – 93/google – translate – boasts – 64 – languages – and – 200m – users/。

［43］ 参见 http://www. welocalize. com/dell – welocalize – the – biggest – machine – translation – program – ever。

［44］ 参见 http://bit. ly/dell – alienware – us。

［45］ 参见 http://bit. ly/dell – alienware – fr。

［46］ 参见 https://github. com。

［47］ 参见 https://bitbucket. org。

［48］ 这里使用了"项目",而不是"产品",因为这些平台上发布的代码成熟度水平不一。

［49］ 参见 http://wiki. maemo. org/Internationalize_a_Python_application#With_poEdit。

［50］ 参见 https://www. transifex. com/signup/。

［51］ 参见 http://translate. evernote. com/pootle/projects/kb_evernote。

［52］ 参见 http://pootle. translatehouse. org/。

［53］ 参见 https://translate. evernote. com/pootle/pages/getting – started/。

［54］ 参见 http://translate. sourceforge. net/wiki/pootle/live_servers#public_pootle_servers Note, however, that some of these projects may contain software strings projects rather than user assistance projects。

［55］ 参见 https://translate. evernote. com/pootle/pages/guidelines/。

［56］ 参见 http://docs. translatehouse. org/projects/pootle/en/latest/developers/contributing. html。

［57］ 参见 https://translate. twitter. com/forum/categories/language – discussion。此链接在撰写本文时是有效的,读者可以单击一种语言,然后在打开的页面中单击以"Style guidelines for translating Twitter into..."开头的链接,获取特定的英语译某目标语言指南。

［58］ 参见 https://support. twitter. com/。

［59］ 参见 http://developer. android. com/resources/tutorials/localization/index. html。

［60］ 参见 http://developer. apple. com/library/ios # referencelibrary/Getting Started/RoadMap-iOS/chapters/InternationalizeYourApp/InternationalizeYourApp/InternationalizeYourApp. html。

［61］ 参见 https://www. drupal. org/。

［62］参见 http://www.joomla.org/。

［63］参见 http://office.microsoft.com/sharepoint/。

［64］参见 https://www.drupal.org/project/lingotek。

5 翻译技术

本章重点介绍与语言内容翻译有关的技术。翻译管理系统和翻译环境是本章的重点，因为它们提供了本地化工作流程中翻译步骤所需的大部分基础架构。然而，在没有说明特定翻译工作流程的情况下，很难介绍翻译管理系统。翻译管理系统经常会提供一个工作流引擎，对一系列步骤进行定义，使内容在本地化链条中"流动"起来。如果没有这样的系统，翻译流程的效率将十分低下。不过，这并不意味着使用这样的系统将保证本地化项目一定能够顺利进行。如果基于错误的理由选择了系统，或在未向用户提供适当支持的情况下仓促部署了相关系统，采用这样的系统及其后续使用反而会导致效率低下。因此，对任何负责使用或管理本地化工作流的人来说，了解这些系统的主要特征是至关重要的。

本章的5.3节和5.4节介绍本地化流程中的翻译重用和术语处理工具。虽然术语是大多数翻译任务的核心，但在 Web 和移动应用程序的本地化中尤其显得重要，因为用户通常要通过翻译的字符串与应用程序进行交互。本章的5.5节重点介绍机器翻译，这些机器翻译正越来越多地用于支持、增强和在某些情况下取代本地化工作流程中的翻译步骤。如果使用得当，则机器翻译可以提高翻译的生产效率，并提高翻译的一致性；如果使用不当，它可能会产生严重的后果（从"搞笑"的翻译到危及生命的、不准确的翻译等）。因此，从翻译客户和译员的角度来看，了解应在何时及如何使用这项技术是至关重要的。本章的5.6节介绍与机器翻译密切相关的一个工作流步骤，即译后编辑。随着机器翻译的日益普及，译后编辑也越来越成为主流做法。本章将用单独的一节讨论这个话题，因为它与传统的翻译行为有些不同。5.6节还将对译后编辑任务和工具进行回顾。5.7 节是译后编辑一节的扩展，介绍本地化工作流（特别是翻译流程）中的质量保证（即 QA）任务。虽然翻译验证的概念不是本地化所特有的，但本地化的特征决定了要使用专用的工具，确保在本地化项目中使用和遵守质量标准，最终目标是发布高质量的本地化应用程序。

5.1　翻译管理系统和工作流

翻译工作流可以非常简单。例如，双语或三语应用程序开发人员可通过自己的努力创建多语应用程序。在应用场景非常简单的情况下，一人即可负责发布多语应用程序。显然，这种情况缺乏良好的扩展性，当涉及众多项目参与方时，翻译工作流会变得非常复杂。例如，多个内容所有者和作者在同一个项目中合作时，需要配备多个翻译提供商和当地审校人员，以满足项目在多种语言对、内容格式、项目量、翻译质量和交付日期上的要求。基本上，所有本地化项目都属于这一范畴，因此会存在大量翻译管理系统，其中每种系统提供一系列适合某种类型项目（如重复、量小）的特定功能。

在 20 世纪 90 年代末期和 21 世纪，翻译管理系统（用于管理整体翻译流程）和翻译环境（用于执行实际翻译流程）之间的区别是明显的。例如，翻译环境（如 Trados Translator 的 Workbench）主要用于翻译可通过 Microsoft Word 预定义模板打开的任何文档。不过，从译员的角度来看，这个应用程序并非用于接收或管理翻译客户发来的翻译工作。相反，要接收和管理此类工作，就要使用 20 世纪 90 年代和 21 世纪初出现的翻译管理系统，这可能意味着结合使用电子邮件和 FTP 服务器在各项目参与方之间传输文件。这些系统逐渐被大型专用（在线）系统所取代，并以集中处理翻译管理活动为主要目的。由于这些系统允许大量用户（如内容所有者、项目经理、译员、审校人员和 DTP 专家）同时连接，并支持灵活的工作流程，深受大公司欢迎。其中，一些系统通过独立的（基于桌面的）翻译环境所提供的功能得到了增强。下面介绍翻译客户和翻译提供商希望此类系统能够提供的部分高级功能。

5.1.1　高级功能

如今，许多系统都允许翻译客户和翻译提供商在一个系统中执行各种活动。其中，大多数系统都允许翻译客户执行以下操作：

1）生成报价，以估算要在（包括多个文件的）给定项目上花费多少资金，并根据希望达到的质量水平估算需要花费多长时间（可根据他们希望提供的翻译量加快翻译流程的速度）。

2）上传应翻译的内容及翻译流程中译员可能需要使用的任何辅助材料（如指南、词汇表或翻译记忆库中包含的翻译建议）。上传流程可使用在线表单完成，在线表单可由发出翻译请求的人员手动填写，或以编程的方式使用应用程序编程接口（API）进行调用。[1]

3）获取有关事项的通知：①内容发送成功，已做好翻译准备；②内容翻译完毕。

4）如果翻译的内容符合预定义的质量要求，则下载翻译的内容并付款。

5）对译文提供反馈意见，以安排不合标准的内容重新翻译，这会导致将特定的翻译提供商列入（临时）黑名单。

6）提供报告或分析功能，以便通过项目量、速度、成本和质量对翻译活动进行记录。即使无法通过系统生成报告，也应提供一些数据导出功能供另一个应用程序使用，以便通过特定的指标跟踪关键绩效指标。

通过图 5.1 所示的界面可以了解在使用 Transifex 完成本地化项目过程中的进度。

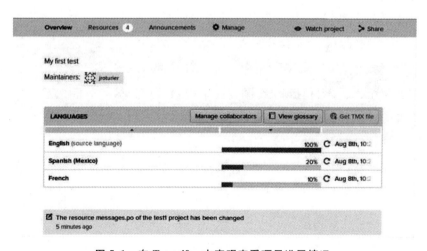

图 5.1　在 Transifex 中直观查看项目进展情况

从翻译提供商的角度来看，系统应该支持以下功能：

1）根据译员的专业知识、质量标准、成本和可用性，将翻译工作通知发送给译员。

2）指明翻译任务完成后应付款的时间。

3）以完善的格式提供所有的源语内容和辅助材料，方便翻译提供商在线或离线完成翻译工作。

4）如果翻译作业已获客户认可，及时向翻译人员付款；或允许译员将不支付翻译项目款项的翻译客户列入黑名单。

5）提供一些报告或分析功能，以便通过项目量、速度、成本和质量对翻译活动进行记录；即使不能通过系统生成报告，也应提供一些数据导出功能供另一个应用程序使用，以便通过特定的指标跟踪关键绩效指标。

从上文可以看出，通常必须将这些系统连接到其他系统（如在需要紧密系统集成的自动化情况下），或确保它们可以接收脱机生成的数据。在这些情况下，系统需要使用相关的数据交换格式，这些格式可能基于也可能不基于官方标准，如 XLIFF。由于复杂的本地化项目翻译包中包含大量文件（如可译文件、参考文件、指南等），近年来为了实现可用于翻译和本地化项目的所谓"容器"的标准化，行业付出了大量努力。例如，本文撰写时仍处于开发阶段的 Linport（Language Interoperability Portfolio，语言互操作项目组合）项目（Melby & Snow，2013），该项目尝试通过创建开放的、独立于供应商的格式，"方便许多不同的翻译工具使用，以便对翻译材料进行封装"[2]。这个项目与结构化翻译规范（Structured Translation Specifications，STS）（Melby & Snow，2013）密切相关，STS 包括 21 个结构化的参数，用于描述项目级元数据，如翻译内容的目标受众及翻译的预期用途。[3]当然，这种格式和规格是否会被广泛应用于本地化行业，尚需时日才能定论。

第 4 章已经介绍了一些翻译管理系统（如 Transifex 和 Pootle），其他翻译管理系统则是以商业或开源产品形式在托管或自主托管选项中提供的。这些系统中有些只适合工作流简单（如移动应用程序）且译员数量很少的小型项目，而其他系统则适合使用大量的译员和编辑（如复杂的工作流）将大量单词（如数千）译成大量语言的大型项目。这些系统还有一些其他的特性，具体取决于项目的类型或最终目标。例如，有些系统应尽可能保持"隐秘"，将人为互动的数量限制到最低程度。此外，对于那些需要进行应用程序本地化的移动应用程序开发者/发布者，为方便可使用与其开发环境紧密集成的翻译管理基础架构。开源或社交应用程序开发者/发布者可使用协作式或众包翻译系统，依靠大量用户群体提供翻译或翻译反馈（而不是单纯依靠专业人士提供翻译）。这四个用例有时会相互重叠，我们将在下面的四节中介绍。

5.1.2　API 驱动型翻译

Gengo 是 API 驱动型翻译管理系统方面的一个例子。[4]虽然此在线系统提供的是传统 Web 界面，供内容所有者手动上传文件进行翻译，但其独创性在于提供了公共 API，可让应用程序开发人员和面向技术的个人以编程方式使用 Gengo 翻译服务。[5]例如，只需几行代码就可以发出翻译报价和翻译工作请求。这种面向自动化的方法将翻译流程重新定义为异步调用，使应用程序和内容开发人员专注于开发流程，而无需管理翻译流程。在大量被精挑细选出来的译员完成翻译后，系统会向项目方发出翻译已完成的通知。

5.1.3　集成翻译

Google Play 中的 App Translation Service 是集成翻译管理系统的一个例子。[6]此服务适合使用 Google Play Developer Console 构建和分发移动应用程序的 Android 开发人员。[7]此在线系统为已注册该服务并同意其条款和条件的应用程序开发人员提供以下指导：

1）确定该应用程序已在哪些国家投入使用，即使该应用程序尚未针对该国家/地区使用的主要语言进行本地化。

2）在尚未自行发布应用程序的国家/地区，了解有哪些受欢迎的类似应用程序。

3）选择翻译目标语言。

4）筛选能完成其应用程序字符串翻译的专业翻译供应商，并发出订单。

5）与翻译人员沟通，澄清翻译流程中可能出现的任何问题。

6）下载包含已译字符串的文件。

显然，这种基础架构简化了从应用程序开发人员/发布者角度管理翻译流程的过程。虽然可能必须回答译员的某些问题，但其他大部分步骤都将以异步方式进行。一旦字符串翻译完毕，应用程序开发人员就可以利用它们构建多语应用程序。不过，在提供译文后，应用程序开发者/发布者仍然必须执行一些本地化测试，以确保字符串未出现截短或连接不正确的现象。该系统还配备了高级分析功能，可帮助应用程序开发人员了解用户的一些信息，如他们是如何找到应用程序的、从哪些设备下载了应用程序、如何使用应用程序。[8]本节重点介绍一个具体的平台和翻译管理环境（即使用 Google 服务的 Android 环境），因为它是最好的集成环境示例之一。其他平台提供商（如开发 iOS/OSX 的苹果公司、开发 Firefox 操作系统的 Mozilla）不太在意应用程序开发人员利用本地化服务的方式。[9,10]

5.1.4　协作翻译

协作翻译管理系统可让多个译员同时翻译一个项目，通常适用于特定的语言对（如英语译成意大利语）。源语内容所有者或维护者可以通过系统上传内容，供符合特定条件的译员进行翻译。最简单的标准是现有的译员应已连接到特定的项目，这样在每次需要翻译某个内容时他们可以收到相应的通知。在某些情况下，还可添加新的译员，以保证在经常合作的核心译员繁忙时翻译也能够顺利进行。这里使用的"经常"和"核心"意味着大型项目中可能存在着某种形式的层次结构。对于给定语言对的大型项目，可能有一个或多个维护者，他们决定由谁提供翻译，以及最终定稿前是否必须安排另一个译员审校这些译文。无论此类项目涉及多少译员，当所有参与方都希望实现同样的目标（即为该项目提供最佳的翻译质量）时，就属于"协作"的范畴。这类系统特别受开源项目的欢迎，因为这些项目通常要依赖以下列共同目标为宗旨的翻译志愿者社区，如采用尽可能多的语言发布给定的应用程序、扩大用户群体。Launchpad 或 Transifex 就是很好的协作系统，因为它们分别用于管理 Ubuntu Linux 操作系统和 Disqus 评论系统的翻译流程。[11,12]这种协作式的社区翻译概念也被各个营利组织（如 Twitter 或 Facebook）所接受，并做了各种自定义；它们已经建立了自己的翻译中心，用户可以在无偿的基础上贡献自己的翻译。[13,14]对于营利组织，经常使用的是"众包"这个说法，因为翻译社区的规模很大（如 Twitter 拥有超过 35 万名译者）。[15]

5.1.5　基于众包的翻译

凯利等（Kelly et al.，2011）描述的 Facebook 质量评估模式包括几个步骤，但只有两个步骤涉及专业译员。第一步是从源代码中提取可译的字符串；第二步是由应用程序的用户（即志愿者）对这些字符串进行实际翻译。由于一个字符串可以有多个译文版本，所以第三步就涉及投票过程，即由一组用户以投票的方式选出最佳翻译。在译文上达成共识后，邀请专业译员确保这些翻译的全球一贯性和一致性，并确认在两个级别上运行这种混合翻译模式。首先是由志愿者"在句段或微文本级别上进行翻译，而宏观文本级别则主要由专家进行控制"（Jiménez-Crespo，2011：136）。在这种情况下，志愿者可能更关注小块文本而不是长段落。因此，对于职业译员，就有必要制定有效且富有创造性的策略来处理这样的用户译文。如果委托他们完成的任务目标是协调多种翻译，那么找到其他译法并换成他们喜欢的形式将是一项十分频繁的任务。就这一点而言，第 2 章介绍的文本处理技术会极为有用。但更重要的是，译员可能必须在某些情况下接受社区所做的一些翻译选择。虽然这些选择可能并不总是符合译员自己的译法，或可能不适合他们的质量框架，但却是社区期望的表现。因此，译员必须学习如何接受并尊重这些选择，才能借助他们的语言和文字专长予以协调。但这种协调并不总是那么直截了当，"因为参与翻译（审校）项目的不同当事方之间有道德上的选择困境和忠实度方面的冲突，包括源语文本作者、主管、翻译公司、目标语文本读者、翻译人员和审校人员"（Künzli，2007：53）。

如果在这种情况下不强调翻译所需的技能，那么必然会影响公众对翻译的看法。为此，麦克多诺·多尔玛雅（McDonough Dolmaya，2011：107）发出警告，"许多众包模式可能只将审校和咨询归入与付费翻译有关的工作领域，从而导致将这种工作视为一种地位高于翻译的活动"。虽然存在这种风险，但它们不太可能影响所有的内容类型。当必须在给定日期发布某个产品或服务时，Facebook 模式确实不太适用。如上一节所述，社区志愿者可能会忽略较长的段落。最近的一项研究（Dombek，2014：235）还发现，"字符串中需要翻译的内容不多"这一事实让一些翻译志愿者感到懊恼,因为许多软件字符串都包含变量(如%s);对于不知道如何在应用程序中显示字符串的人而言,这些变量可能让他们感到困惑。因此,如果某个产品组件(如某些用户帮助内容)必须在产品发布前进行本地化,那么依靠一群翻译志愿者来完成可能会有问题。但是,翻译任务仍然可在多个专业译员之间共享。在这种情况下,翻译选择仍然必须保持协调一致,确保最终内容符合项目开始时确定的质量期望。为了做到这一点,译员可能必须在某个阶段进行沟通(要么相互沟通,要么与委托开展工作的实体进行沟通),以检查各项进度。可使用各种沟通渠道,如电子邮件、即时消息或(如果可用)应用程序内的注释功能。当然,先决条件是能够清楚地描述自己的问题,并辅之以译员的其他文化知识。无论使用何种环境类型管理本地化流程的翻译环节,都必须在下一节所述的翻译环境中执行实际的翻译步骤。

5.2　翻译环境

翻译环境是译员执行实际翻译流程所用的环境。拉古达基(Lagoudaki,2009)确定了以下四种类型的翻译环境:

1)标准的文本处理环境(如 Microsoft Word),已配备插件,可在程序中加入翻译辅助功能。

2)专用的文本处理环境,通常以垂直或水平方式显示源语和目标语句段。

3)译员易于使用的文字处理器,可在其中复制和粘贴任何文件的文本。

4)源语内容所在的本机应用程序。

就应用程序的本地化而言,不太可能使用第一种和第三种环境,原因详见第 4 章。翻译环境(或翻译环境组合)的选择取决于如下因素。

(1)客户要求

无论译员是直接与内容发布者打交道,还是与语言服务提供商打交道,这些客户都可能坚持要求译员使用特定的翻译环境进行翻译。即使译员可以自由选择自己的环境,可能也必须确保自己使用的特定应用程序没有违反与客户签署的任何保密协议(NDA)。

（2）译员的偏好

如果译员知道在特定环境中工作效率非常高，那么他们可能不愿意使用其他环境，特别是当翻译工作量很少时。在这种情况下，在学习和使用新环境上投入的时间（和可能的成本）也许并不总是合理的。生产效率并不是唯一发挥作用的偏好。特定应用程序（无论是基于 Web 还是基于桌面）的相关使用条款和条件可能与译者关于系统如何处理生成的数据的观点发生冲突。

（3）位置和网络连接速度

使用在线环境通常需要快速可靠的网络连接，以便提供尽可能顺利的翻译体验。在理想情况下，译员根本就不会注意到自己处于在线工作状态。不过，在某些情况下会体验到某些延迟，特别是在远离传统的工作环境时（如在旅途中的宾馆房间里）。如果所在的国家/地区与惯常居住的国家/地区不同，就可能对在线体验产生影响。一些在线系统运行于特定国家/地区的服务器上，因此这些系统的易访问性会因国家的不同而不同，具体取决于用户与服务器的距离远近。

在线和离线翻译环境之间的区别与基于 Web 的应用程序和基于桌面的应用程序不同。一些基于桌面的应用程序可通过部分功能连接到各种在线服务，如翻译记忆服务器或机器翻译系统。这些连接往往需要在给定的存储库中集中处理翻译工作，以便确保译员团队从彼此的工作中受益。但是，随着托管和基于云的服务的出现，以前在基于桌面的环境中才能执行的一些任务现在正在转向基于 Web 的环境，这意味着译员可以使用 Web 浏览器而不是独立的应用程序完成分配的翻译工作。

5.2.1　基于 Web 的翻译环境

第 4 章介绍的一些翻译管理系统（如 Transifex 和 Pootle）都自带基于 Web 的翻译环境。[16,17]译员可以通过这些系统完成以下四项任务：

1）翻译从源语内容中提取的句段（无论是一系列软件字符串，还是一系列帮助内容）。

2）连接提供翻译建议的第三方系统，如字典、翻译记忆系统、机器翻译系统；如果这些系统配置正确，它们应该有助于提高翻译流程的效率。

3）下载包含源语内容和翻译建议的翻译包进行脱机工作。

4）在脱机完成工作后，上传翻译包。

5）检查他们的翻译，以便达到符合客户要求的质量水平；这些检查可能包括检测拼写、语法或风格错误，以及发现那些会影响构建过程的问题（如标记丢失或损坏、热键标记重复）。

6）获得工作报酬。

图 5.2 显示的是 Transifex 的在线翻译环境，它采用整洁的表格式布局，译员可从中使用各种强大的功能，如一致性搜索、机器翻译建议、修订历史记录和源语注释。

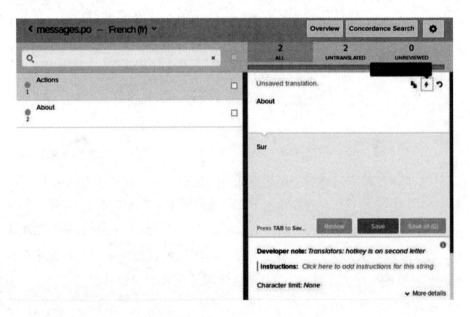

图 5.2　Transifex 中的在线翻译环境

虽然这些在线系统变得越来越复杂，但如果从一位专业译员在博客上进行的非正式调查结果来看，它们似乎并不像基于桌面的传统程序那么受欢迎。[18] 这项调查旨在确定译员们最常用的翻译环境，大多数回答都是基于桌面的环境（如 SDL Trados、memoQ、DéjàVu、Word Fast 和 OmegaT），尽管其中大多数软件仅限于在特定的平台上运行（即主要是 Windows，有时是 Mac）。显然，这些调查结果并非仅针对软件本地化行业，因此必须仔细解读。

5.2.2 基于桌面的翻译环境

目前市面上存在大量的翻译环境工具，从免费的开源程序（如 Virtaal 或 OmegaT）到大型商业套装软件（如 SDL Trados Studio）。[19]其中，一些程序基于客户端/服务器架构，这意味着可以跨网络同步生成译文和使用翻译资源。有时，可在标准的文字处理环境（如 MS Word）中使用这些程序的某些功能，由于能提高生产效率，这种做法备受译员的青睐（Lagoudaki，2009）。这方面用得最多的翻译功能之一是查找翻译记忆库，译员可以通过这一功能在所选的环境中翻译文档，同时利用翻译记忆数据库，下面将对这一方面进行详细探讨。

5.3　翻译记忆库

如果一个翻译环境的功能可使译员在提供优质翻译的同时实现高效率，那么这种翻译环境会非常有用。翻译记忆技术是其中的佼佼者，而且不仅仅限于应用程序的本地化。翻译记忆功能是大多数（如果不是全部的话）翻译环境系统的关键功能，因为它可实现对过去译文的重复利用（简称"重用"）。如3.1.2 节所述，重用以前的译文通常会节省大量的时间（和成本），因为无需从头开始翻译。翻译记忆技术不是什么新技术，它的概念和原理是序列匹配，也就是比较两个句段（或字符串）的相似或差异程度，然后在两个字符串不完全相同时给出一个匹配分数。虽然这种技术仍然存在一些问题，特别是当翻译记忆不能随着时间的推移而变化（Moorkens，2011）时，但在当今竞争激烈的翻译环境中，如果不使用这项技术，职业的技术译员就不太可能取得成功。由于优质的翻译记忆可以提高译员的翻译效率，不使用翻译记忆几乎无法处理重复的内容。在选择翻译记忆工具时，重要的是确定好要进行哪种类型的匹配。换句话说，到底是应该根据字符、单词、句段结构，还是句段含义来确定匹配程度？对于那些标点符号、大小写或虚词不同的句段，虽然可以很容易通过工具对它们的译文进行编辑，但对于那些语义不同的句段，就可能会在编辑环节增加相关的认知工作量。以下面几个英语句段为例：

1）From the"file"menu click"save as".

2）In the File menu, click on "Save as".

3）Do a left click on "Save as" in the File menu.

4）The "file" menu and "save as" are accessible from the program.

前三个英语句段的语义是相同的，只是标点符号、大小写、措辞和词序有所不同。第四个句段的含义与前三个句段则完全不同，但句中许多单词又与第一个句段是相同的。从翻译生产效率的角度来看，翻译第二个句段时可以很方便地利用第一个句段的译文，因为不需要（或几乎不需要）进行任何编辑。但是在翻译第四个句段时，利用第一个句段的译文可能就不会那么有效了，因为两个源语句段之间存在语义差异。有些语言的形态（Morphology）十分丰富，且使用基于大小写的曲折变化（Inflection），如果翻译成这些语言，认知方面的挑战就会大大增加。例如，在一种给定语言中相同的两个单词序列，放在另一种语言中可能互不相同，这取决于单词序列的句法作用（如主语与宾语）。如果翻译记忆工具中没有提供任何直观的、源语和目标语句段之间的字对齐功能，则可能会出现另一种认知挑战。在上述例子中，第一个和第四个句段间的区别之一是单词 "click"。在利用第一个句段的译文时，以标记的方式让译员知道第四个句段中少了一个单词 "click"，可大大提高翻译的效率。通过直观的颜色编码方案突出显示这些信息，可帮助译员决定是否从翻译中去掉这个单词的译文。不过，了解这个单词翻译在译文中的位置，可能也同样（甚至更加）重要。如果必须阅读（或浏览）工具建议的翻译才能找到（并可能会删除）单词 "click" 的译文，那么这种技术的使用方式没有达到最有效的程度。

选择翻译记忆工具时，必须记住的另一个方面是工具具有导出项目内容以便在另一个环境中使用的功能。虽然翻译单元最重要的部分是源语和目标语句段，但是有时还可以导出其他有用的元数据（如翻译单元的创建日期、源语句段的作者、目标语句段的译者、翻译单位在翻译项目中的利用次数）。在通常情况下，可使用 2.5.2 节中介绍的 TMX 标准导出翻译记忆数据。

5.4　术语

本节重点介绍术语，这也是应用程序本地化中翻译流程的核心。本节分为四部分。第一部分从本地化的角度讨论术语的重要性。第二部分重点介绍提取术语，更准确地说是提取候选术语。第三部分介绍候选术语确认后获取翻译的各种方式。第四部分说明如何通过术语表的方式发布提取的术语及其翻译，供后面的翻译或质量保证过程使用。

5.4.1 为什么术语很重要

如2.5节所述，发给译员的翻译包通常会包含一些与术语有关的资源。之所以提供这些资源，是为了指导特定短语或术语的翻译，最大限度地优化最终用户的体验。在提供给 Android 开发人员的翻译指南中，也确认了这一点。[20] 这些指南建议开发人员尽可能使用 Android 标准术语，并创建可分发给译员的关键术语列表。

在本地化流程中，如果这些短语或术语的翻译不正确，就会出现各种问题，包括翻译不一致、翻译不准确或翻译不当。翻译关键短语或术语（如产品名称或功能名称）时，如果使用了特定目标语中的多个变形译法，任何项目（无论大小）都可能出现翻译不一致。在参与译员众多但又无法协作的翻译项目中，常会出现各种不一致的现象。如果翻译完成后不执行质量保证步骤发现并解决其中的各种不一致，就会影响最终的目标语文本的连贯性，而读者会感到迷惑不解。但应该指出的是，在某些特定情况下，这些不一致也会有用。例如，用户有时会使用基于单词或短语的查询搜索文档（如在线帮助）。如果文档通篇使用的短语不符合用户的预期，那么该用户的查询不会返回任何匹配内容。如果文档包含的术语不一致，那么用户会将某些查询与文档的特定部分匹配起来。

另一类翻译问题是翻译不准确，这可能是因为没有给译员提供足够的上下文或指南。翻译不准确的情况也包括由于法律或兼容性问题而应以源语形式保留不翻译的术语或短语。某些术语（如品牌名称或产品名称）很少翻译，因为它们受到版权或商标法的保护。不过，一些译员认为必须翻译品牌名称，以便保留一些与给定名称的部分音节或构成相关联的含义，如"Microsoft"（微软）。如果一个项目涉及其他尚未本地化的产品或工具，也会出现不翻译的情况。以基于 Linux 的操作系统包含的命令行工具为例，就可以使用普通的小写单词形式的特定命令执行，如 "cut" 或 "paste"。这些命令无法使用译成法语的单词执行，如 "couper" 或 "coller"，但在源语文档中如果对这些命令的引用方式含糊不清（如 "You can merge two files with paste" 中的 "paste"），就会出现翻译不准确的情况。在某种程度上，这个问题也会影响翻译文档集的项目，但不会影响软件本身（用户界面）。在这种情况下，文档集涉及的可能是用户应通过用户界面交互而执行的操作。以 "You must remove the file by clicking the Delete button in the File action dialog." 为例，其中包含两个 UI 标签（即 "Delete" 和 "File action"），如果该软件没有本地化，则应保持不译，否则当用户想在用户界面中查找此类标签时，还必须将它们译回源语。最后，当用户期望翻译流程处理一些译员尚未选出的术语时，还会在本地化项目中出现翻译不当的现象。从前面的例子可以知道，"email" 一词在法语中可以译为 "e-mail"，也可以译为 "courriel"，可以看出个人偏好会影响最终用户对翻译恰当与否的判断。全球软件项目通常以英语为源语开发软件和撰写文档内容。人们通常期望软件职业人士具备一些高级的英语技巧，以便在这个行业中有效地开展工作；对于那些母语不是英语的人，则往往会接受目标语中仍然保留了一些英语说法的现象。这意味着软件职业人士和译员之间出现了某种"脱钩"状况，因为对于（受邀翻译内容的）译员所翻译的术语，最终用户更愿意保留为英语的术语。Adobe 全球化团队就提供了一个这样的极端例子，他们透露，一些俄罗斯客户更喜欢以英语阅读 API 文档，而不是俄语。[21]

为了避免术语或短语出现翻译错误、翻译不当或不一致的情况，会在译前、译中或译后进行一些术语工作。此类工作的重点是识别源语中的术语（提取术语），有时也可能是识别目标语中的术语（翻译或提取术语）。下面将重点介绍从单语和双语文档中提取术语。

5.4.2　提取单语候选术语

在为内容集创建最终术语表前，必须首先从源语内容中提取候选术语，并交由知识专家（如内容开发人员或理想情况下的术语学家）进行审阅。在本节和后续各节中，使用 JBoss 应用程序服务器的相关文档指南中的源语文档文件示例。[22] 提取源语内容中的候选术语或短语可以使用从统计到基于规则的多种方法，也可能混合使用各种方法。统计方法用于识别给定内容集中频繁出现的单词序列。这些序列的长度通常可由用户定义，以便限制待审阅的候选序列的个数。统计方法通常不考虑语言信息，如给定单词的词性（即该单词是名词还是动词），因为其中一些不是真正的术语，所以这些候选术语列表中会有很多"噪音"。为了说明这种方法，以 Rainbow 的术语提取功能为例演示如何提取术语，如图 5.3 所示。

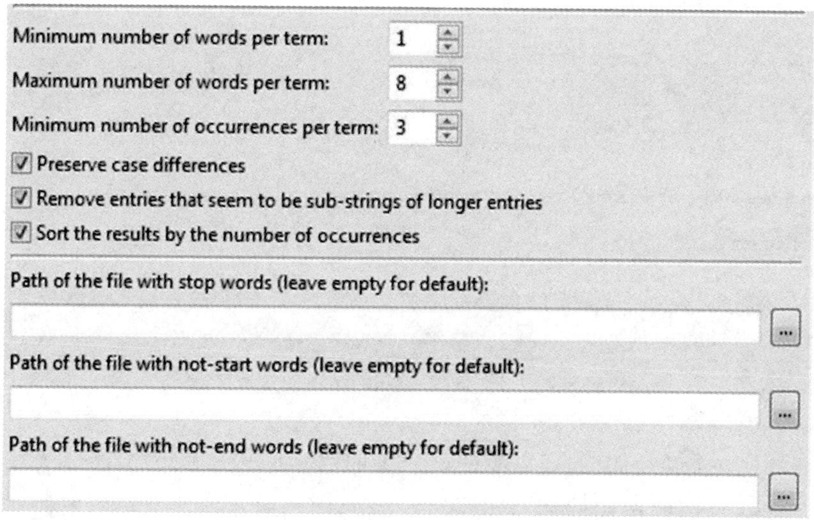

图 5.3　使用 Rainbow 提取候选术语

　　不过，如代码示例 5.1 所示，许多术语不一定符合本地化项目中的术语条件。可以看出，某些候选术语实际上也出现在其他候选术语中。例如，"Application Platform"也出现在较长的"Enterprise Application Platform"字符串中。虽然 Rainbow 也提供了一个选项，用于忽略较长的字符串中出现的术语，但在术语选择上"留短弃长"是否更为可取，这并不总是一个十分容易的决定。这一决定常受到以各种目标语翻译术语的方式的影响。为了避免不必要的术语连接（Concatenation）问题（即不能将术语 A 和术语 B 的翻译合并得出术语 AB 的正确翻译），在确认候选术语时有时需要保留较长的术语。

```
16    sentence
15    The
12    documentation
11    user
10    installation
9     Before
8     After
8     Application Platform
8     Enterprise Application Platform
8     If
8     It
8     JBoss Enterprise Application Platform
8     Notes
8     Platform
8     developers
```

代码示例 5.1　使用 Rainbow 提取候选术语

在代码示例 5.1 中还可以看到另一个问题，即一些候选术语似乎包含了不太可能是术语的单词，如"Before"。这是因为 Rainbow 没有使用任何语言知识来提取候选术语，所以输出的内容会有很多"噪音"，特别是在没有使用停止词（Stopword，即处理文本前后筛出的非术语词）优化这些结果时。停止词通常包括虚词（如"the"或"during"）和普通用语，没有特定的专业领域。为了解决这个问题，可使用更复杂的工具，在实际提取前给每个单词加上词性标记。LanguageTool 使用的就是这种方法，详见第 3 章"语言检查程序"一节。部分商用或开源工具也提供根据词性标记提取候选术语的功能。如第 2 章所述，Python 编程生态系统额外提供了丰富的专用工具，这是Python 核心语言有力的补充。这些工具通常称为库，因为它们提供的是特定的功能；如果从头开发，会需要大量的时间。其中之一是自然语言工具包（Natural Language Toolkit，NLTK）（Bird et al. ，2009）。它可以让用户按顺序执行一些提取候选术语所需的任务，包括文本分割、句子词汇切分、词性标记和分块。[23]

这些技术会生成各种语块，以便从中提取那些符合特定标记序列的子字符串，如名词序列（如至少一个单数或复数形式的普通名词或专有名词）。在提取了字符串后，就需要执行最后一个步骤，即对它们进行分组，将候选术语的各种变形（如单数和复数）合并，然后显示其频率信息。合并单、复数形式的字符串也称为正则化过程，也就是使用规范的、字典形式的单词来识别变形。这个过程称为词形还原（Lemmatization），可以通过使用 WordNet 资源的自然语言工具包实现。[24]如代码示例 5.2 所示，使用此方法获得的候选术语和频率完全不同于代码示例 5.1 中显示的结果。

```
sentence 16
developer 8
user 8
server 7
Notes 6
documentation 6
directory 6
chapter 5
JBoss Enterprise Application Platform 5
something 5
information 5
CDs 4
test lab 4
voice 4
installation 4
```

代码示例 5.2　使用自定义脚本提取的候选术语

在提取了源语候选术语后，如果提取的目的是为译员提供首选的翻译术语表，则必须尽快确定译法。这一步骤将在下一节介绍。

5.4.3　翻译术语

术语的翻译有两种方法，且二者相辅相成。一种方法是让译员翻译确认后的候选术语，另一种是挖掘以前的术语译法。第一个方法的优点是有译员的参与，如果这些译员也将负责翻译余下的内容，则再合适不过了。使用这个方法时，必须向译员提供上下文句子，以便提供准确的翻译。这种方法的缺点是需要进行广泛的研究才能确定最终的译法时，这个流程的速度会相当慢。通常，译员会通过现有的资源（如术语数据库、翻译记忆库或目标语的单语语料库）确定一个准确的译法。如果没有找到合适的翻译，就必须给出一个新的术语说法。为了加快术语确定过程，可以使用工具从现有的句子对齐资源（如翻译记忆）中提取双语短语对。Anymalign 就是这样一种工具，它是一个独立的 Python 脚本，可用于提取任意数量语言的短语对（Lardilleux & Lepage，2009）。[25]

　　　该工具使用迭代算法检查和优化短语对的对齐。Anymalign 不会对双语或多语文本进行任何语言处理（如词性标注）。相反，它会使用子句对齐的概率识别短语，而这些短语已根据它们在输入文本中出现的次数针对不同的语言进行了初步对齐。脚本运行的时间越长，由于概率的不断更新，取得的对齐效果越好。主脚本可使用已对齐的文本数据文件——例如，通过 OPUS 语料库提供的、与基于 Linux 的 KDE 软件编译（以前称为 "K 桌面环境"，KDE）相关的文档集——创建一系列对齐的短语对（Tiedemann，2012）。[26]可按以下方式运行该脚本：

```
$ Python anymalign.py -t 10 KDE4.en-fr.en KDE4.en-fr.fr > any.out
```

　　　为了简单起见,该脚本在本示例中使用的是-t 选项,这样脚本可在运行 10s 后停止。可以通过调整参数让脚本运行更长的时间,但在低资源的计算环境中这种做法并不可取。此外,此示例中使用的文件未进行标记。脚本运行后,会将结果放入一个名为"any.out"的文本文件。然后,可搜索该文件,查找其中的术语翻译,如代码示例5.3所示。

　　　在默认情况下,如果选中了两个输入文件,那么 Anymalign 的输出中会包含三个值。第一个值和第二个值是翻译概率,其中第一个值是给定源语的目标语的概率,第二个值是给定目标语的源语的概率。第三个值(用于对结果进行排序)对应的是绝对频率。

```
$ grep -P "^developer \t"any. out

developer développeur -1.000000 0.800000 4

$ grep -P "^server \t"any. out

server serveur -0.941176 0.592593 16

server serveur -0.058824 0.041667 1

$ grep -P "^user \t"any. out

user utilisateur -0.454545 0.277778 5

user l'utilisateur -0.363636 0.800000 4

user user -0.090909 1.000000 1

user nom d'utilisateur. -0.090909 1.000000 1

$ grep -P "^production use \t"any. out
```

代码示例 5.3　在 Anymalign 输出中搜索术语翻译

在代码示例 5.3 中，grep 工具与 -P 选项一起使用，通过正则表达式在输出文件中查找各种变形模式。输出的短语中会包含多个单词，因此使用 ^ 和 \ t 分隔符来缩小结果的范围。在该示例中，分别针对 "developer" "server" 和 "user" 使用了三个命令，并返回了三个短语对，频率最高的那个短语对在前三个中明显就是一个非常准确的翻译。针对 "production" 使用的第四个命令没有返回任何结果，但这并不令人惊讶，因为：①脚本运行的时间很短；②用于双语提取的数据文件（即 KDE 文档）与用于单语提取的文件（即 JBoss）主题并不完全匹配。第二点揭示的问题在本地化项目中非常普遍（而且在翻译项目中更为常见），因为以前从未翻译过的新术语将不断出现。在这种情况下，译员有责任（使用传统的翻译技巧，如借词翻译或对等翻译）为它们提供适当的译文。在项目早期就确定好频繁出现的新术语的译法往往十分有效，因为可以避免后续的翻译出现各种不一致。

这里介绍的术语翻译流程虽然十分详细，但也有一种替代方案，即使用如 poterminology 之类的工具从 PO 文件中提取术语。[27] 所以，用户最终必须决定是寻求一键式解决方案（它可能具有、也可能不具有自定义功能和可扩展性），还是寻求一个框架改进现有的方法。在初始投资方面，虽然后者比前者要求更高，但长期来看会有所回报。无论选择哪种方法，详细了解软件环境下的运行原理并无任何坏处。

5.4.4　术语库和术语表

在完成一系列的术语操作后（包括提取和确认给定项目的源语术语、确定其译法和拟定相关使用说明或注释），必须保存相关术语资源，供将来使用和/或更新。为了向翻译流程中的相关人员提供术语，可采用两个策略：一是让译员访问术语记录系统，通过 Web 界面或 API 查找功能查询术语；二是通过导出文件提供术语，方便离线查询术语。就软件发布者而言，构建记录系统的方法有两种：一是使用专用系统；二是使用已包含特定领域术语的术语平台（如 EuroTermBank 或 TermWiki）。[28,29]

无论选择哪种方法，都必须仔细处理术语的更新。在本地化项目中，软件发布者的源语或目标术语会根据营销决策、商标争议、用户研究或个人偏好而不时变化。因此，必须在术语记录系统中尽快反映这些变化，以便译员或审校人员在完成翻译或审校任务前得到通知。如果是通过术语导出流程提供术语，则应生成新的文件，让译员知道应该考虑使用新的术语，或使用一些新的译法。这些方法在 Microsoft 向应用程序开发人员和本地化人员提供术语上都得到了体现，通过基于 Web 的门户、API 及文件下载提供产品术语和 UI 字符串。[30-33]

要让术语在翻译流程中发挥作用，就必须使用标准格式。如果译员在翻译不同的项目时必须处理不同的术语格式，那么翻译效率会受到影响，因为要花费大量时间查找术语文件或条目才能提取相关的信息。为了规范术语的转移，多年以来人们已提出了各种格式。其中之一是基于 XML 的术语库交换（Term Base eXchange，TBX）标准，该标准由现已停办的本地化行业标准协会（LISA）提出。虽然 LISA 已不再开展活动，但 TBX 规范仍可在线下载。[34] 许多应用程序依然支持该格式，各类公司机构也都使用该项标准导出术语数据。例如，Microsoft 就使用该格式导出每个术语的以下信息，如术语概念 ID、定义、源语术语、源语语言标识符、目标术语和目标语标识符。

虽然实践证明，TBX 已成为本地化行业的流行标准，但也存在其他标准和格式，其中一些更侧重于系统之间的术语交换（如将术语从一个机器翻译系统导出到另一个机器翻译系统）。例如，20 世纪 90 年代开发了一种基于 XML 的开放词汇交换格式（Open Lexicon Interchange Format，OLIF）。[35]最近出现的一种基于文本的、制表符分隔的 UTX 格式也属于这一类型，该格式由亚太机器翻译协会提出。[36]其目标是让用户创建、重用和共享术语表，从而提高翻译质量。对于人类译员，UTX 是一个紧凑的、易于构建的术语表，可以减少检查术语所需的时间和成本。就基于术语的机器翻译和术语工具而言，UTX 可用作术语表数据，不需要任何修改。在出现如此多的术语格式后，有时需要将数据从一种格式转换为另一种。虽然可以就此设计自定义脚本，但已出现了一些工具。[37]

创建了词汇表后，就可以在翻译或质量保证过程中加以使用。基本用法是在使用一个应用程序（即翻译环境工具）进行翻译时，可在另一个应用程序（如文本编辑器、电子表格或 Web 浏览器）中打开词汇表。高级用法包括将术语表文件导入翻译环境工具，以便在实际翻译或审校过程中让软件自动检测源语句段中存在的术语。如果同时从界面显示和语言两个角度来看，选择何种方法取决于众多因素，包括词汇表的质量、翻译环境工具提供的术语检测功能的可用性。如果单从界面显示角度来看，则应以直观和非侵入性的方式突出显示术语表中列出的术语。如果单从语言角度来看，则应使用形态学信息检测术语，这样字典形式的术语条目才能与其变形形式相匹配。检测缺失术语的流程属于质量保证任务的范围，因此将在 5.7.3 节中进行说明。

本节全面概述了本地化项目期间处理术语时所涉及的一些任务，并对术语提取进行了详细而深入的分析。提取和创建术语资源不仅对译员非常有用，对机器翻译系统也是好处多多。这项技术是下一节的重点。

5.5　机器翻译

机器翻译正成为主流技术，越来越多的语言服务提供商在使用这项技术，并将其纳入自己的流程（Choudhury & McConnell，2013）。如 4.4.2 节所述，机器翻译也用于预翻译在线内容，以便向用户提供一些原始信息的梗概。在任何给定的本地化项目中，使用机器翻译技术的主要标准之一是待译内容的数量。部署或使用机器翻译技术会涉及大量的工作，而机器翻译显然不能保证翻译质量。在翻译量不大时，与使用专业译员的传统翻译流程相比，机器翻译当然算不上合理的举措。不过，如果是首次将应用程序的内容集译成目标语，那么内容往往很多。

这种趋势给译员既带来了威胁，也带来了机遇。一方面，只要所用的机器翻译系统能生成质量尚可的译文，过去由人类译员执行的翻译任务现在可以部分或全部实现自动化。不过，要达到可接受的质量水平会非常困难，因为必须考虑多个因素，其中包括用户的期望以及为准备机器翻译系统而付出的努力。另一方面，机器翻译系统的准备（或自定义）是一个新的活动，可由愿意接受该技术的译员执行。因此，如何准备机器翻译系统是本节的主要内容。

作为一项任务，机器翻译系统的准备可以（也许应该）由具有一些计算语言专业知识的译员执行。虽然理论上一些系统可以使用数据驱动的方法以语言无关的方式执行，但那些对源语和目标语了解较多的语言专家却能够发现和解决各种语言问题。对于基于规则的机器翻译系统，这一点尤其如此，因为这些系统常以可预测的方式生成翻译输出。

5.5.1　基于规则的机器翻译

有关创建基于规则的系统所涉及的步骤的详细介绍，请参阅阿诺德等（Arnold et al.，1994）或巴雷罗等（Barreiro et al.，2011）的论著。本节重点介绍翻译专家在自定义现有的机器翻译系统中应执行的任务，主要侧重点是专有系统的自定义，因为这些系统不会将所有规则展示给最终用户。显然，开源系统（如 Apertium）非常适合进行完全自定义（Forcada et al.，2011）。

传统架构的底层一般都是基于规则的机器翻译，通常采用三步法，包括分析源语文本、将源语文本的结构和/或含义转移到目标结构并生成最终的符合目标语习惯的译文。分析步骤对于避免误解源语文本至关重要，因为这些误解会传递到接下来的两个步骤。为此，商用机器翻译系统的代码库会进行大量的分析，如 SYSTRAN 系统的分析就达到了 80%（Surcin et al.，2007）。这个分析步骤要建立在本章前面介绍的一些技巧上，包括句子分段、词汇切分、词性标记、分块或句法解析。转移阶段则主要以字典条目为基础，将源语术语和短语与目标语中等效的术语和短语进行一一对应。这些资源可以根据上一节概括介绍的原则自动获取。最后，生成模块会确保相关单词（如动词及其助动词）之间的词尾变化保持一致，且特定的单词处理正确无误（如在将不使用人称代词的语言译成其他语言时插入相关单词）。

当基准系统的质量没有达到预定义的质量级别时（如输出的译文经常难以理解，或需要进行大量译后编辑工作），就需要对基于规则的机器翻译系统进行自定义。为了自定义基于规则的机器翻译系统，除了创建新的规则（包括创建预处理模块、自定义字典或后处理模块）之外，还有几个选项。预处理模块的主要目标是准备输入文本，以便最大限度地利用其他模块（如分析或传输模块）。第 3 章"语言检查程序"部分介绍的一些技术可对源语文本中使用的拼写进行规范化，或简化其中的语法。如果将包含拼写错误的输入文本提交给机器翻译系统，就会出现翻译问题，除非系统能够在分析源语句子之前纠正这些错误。在这种情况下，规范字典非常有用，因为它可以纠正那些会影响所有目标语对的常见拼写错误（如"teh"的正确形式应该是"the"），而不会在特定语言的字典中创建不正确的条目（如英语—法语字典中的"teh > le"就没用，因为"the"根据上下文也可以翻译成"la"或"les"）。在为基于规则的系统创建预处理模块时，也可以试着纠正其中的语法。例如，可以使用形态资源自动地修改动词（在人或者时态方面）的词尾变化。

在通常情况下，创建词典是现有通用机器翻译系统的自定义流程中最重要的一步。如果需要大量的语言信息（如提供源语术语和/或目标语术语的形态信息）才能创建字典条目，那么这一步骤会非常漫长而艰巨；尽管如此，若可以向系统提供相关线索而系统又能正确地处理这些线索，就可以加快这个步骤的速度（Senellart et al., 2003）。艾伦（Allen, 2001）提出了一个基于以下步骤的字典编码工作流：

1）用基准机器翻译系统翻译源语内容。

2）识别各种有问题的术语。

3）为未知单词、保留字、错译单词和短表达式创建字典条目。

4）使用步骤 3）中的条目对机器翻译系统进行自定义，再使用机器翻译系统重新翻译源语内容。

虽然这些步骤要花一些时间，但艾伦（Allen，2001）认为，想要提升翻译效率，在开始实际的译后编辑工作前花些时间是值得的。

最后，可以使用后期处理模块自动校正（或译后编辑）机器翻译系统输出的译文。可以使用从基于规则到统计的各种方法来实现这一目标。自动译后编辑的概念由奈特和钱德尔（Knight & Chander，1994）首次提出，艾伦（Allen，1999）对其做了进一步的探讨，此概念旨在解决机器翻译系统的系统错误。当无法使用字典条目纠正机器翻译的这些错误时，可以使用全球搜索、替换模式和正则表达式来修复这些机器翻译错误（Roturier，2009）。

下一节将简要介绍用于机器翻译的统计方法。

5.5.2　统计机器翻译

就机器翻译而言，存在多种数据驱动型（或基于语料库的）方法，包括基于实例的机器翻译和统计机器翻译。不过，大多数最新的数据驱动型机器翻译系统都基于统计模式，即使用一种基于现有并行文本中提取的信息概率方法生成翻译。很多时候（如果并非总是如此），这些并行文本常取自人类译员在一段时间内完成的翻译记忆。因此，在使用统计机器翻译系统（SMT）进行的翻译中，虽然最后的翻译步骤是自动完成的，但如果没有人类翻译，这个翻译步骤也不可能发生。有关该方法工作原理的更多详情，请参阅赫恩和韦（Hearne & Way，2011）以及科恩（Koehn，2010b）的相关论述。

本节简略介绍统计机器翻译的一种方法，即科恩等（Koehn et al.，2003）提出的基于短语的统计机器翻译模式。在基于短语的机器翻译中，是在连续的单词序列之间对齐源语和目标语，而在基于短语的分层式机器翻译或基于语法的翻译中，会在对齐中添加更多的结构。例如，分层式机器翻译系统能够了解德语词组"X gegeben"与英语"gave X"是对应的，其中 X 可以换成任何德语－英语单词对（Chiang，2005）。这些系统中使用的其他结构可能是、也可能不是从并行数据的语言分析中得出的。

基于短语的统计机器翻译模式依赖两个独立的流程：训练和解码。对于某个特定的源语句子，为了确定哪种翻译（假设）是最有可能的译法，统计机器翻译系统的一个模块（称为"解码器"）会在成千上万种可能性之间寻找最优说法。在这种模式中，翻译任务成为一个搜索任务，搜寻并分析由各个单词或词组（称为短语）构成的各种可能性。在训练过程中，会使用大量并行文本计算各种概率，而上述短语与这些概率是关联的。为了通过短语生成备选译文，应考虑几个特征，如源语短语译成目标语短语的概率或一个短语在目标语中的概率。这两个特征模拟的是翻译的不同方面：第一个特征模拟的是翻译的充分性，而第二个特征模拟的是翻译结果的流畅性。噪声信道模型中使用了这两个特征（Brown et al.，1993）。另一个特征涉及的是连接相距很远的单词或短语的成本。从数学的角度来看，所有这些特征都可以使用对数线性方法（加权对数概率求和）（Och & Ney，2002）合并在一起。在给定特征的重要性建模中，权重的作用很大。例如，在给定的语言对和/或领域中，用于提高翻译流利性的语言模式可能没有翻译模式重要。在通常情况下，这些权重的设置使用的是一组对应于最终翻译任务的句子。例如，如果最终目标是翻译一本关于移动银行业务应用程序的用户指南，那么应调整那些高度匹配该指南内容的句子。以下部分提供更多关于各种步骤的信息，使用框架（如开源 Moses 系统）创建基于短语的统计机器翻译系统时都必须执行这些步骤（Koehn et al.，2007）。

1. 数据采集

构建统计机器翻译系统的第一步是确定应使用哪些数据创建模型，供后续翻译使用。例如，如果是从事医药行业翻译工作的译员，会对创建一个专门的翻译药品说明书系统感兴趣。从一般要求的角度来看，此类系统必须能够处理技术文本类型的词汇、语法、文体和文本特征。因此，使用完全不同领域或文本类型（如体育新闻）中的并行数据几乎毫无用处，因为体育新闻术语（及其相关的翻译）不可能出现在说明书中。当然，也会有例外，如可以使用体育新闻材料表示运动员在某些情况下使用的药物（如兴奋剂丑闻），但一般来说这两个领域和文本类型的差别太大，不可能出现有意义的"交集"。切记，基于短语的统计机器翻译方法依赖的是短语而不是结构，因此如果要将其译成目标语，至少必须将这些短语显示出来。在确定了准确的翻译场景后，就可以开始寻找相关的训练材料。

大多数（如果不是全部）统计机器翻译系统需要使用一系列并行句对，才能计算源语与目标语句段之间的对齐概率。翻译记忆可以提供大量的句对，但翻译记忆库必须足够大才有价值，而访问这么大的翻译记忆库又会是一个挑战。例如，LetsMT! 服务就建议至少提供 100 万并行句子训练翻译模式，并提供至少 500 万句子训练语言模式。[38]这些数据来源于各种生产效率测试。这些测试表明：训练的句子越多，生产效率就越高（Vasibjevs et al.，2012）。即使对于一个在特定专业领域从事多年翻译工作的自由译员，如果只考虑他们多年来积累的翻译记忆，这个数字也是相当庞大的。因此，对于许多人（包括较大的语言服务提供商或公司用户）来说，有必要利用其他数据源补充默认的翻译记忆库集。

这些数据源的类型各种各样，从开放源到非开放源不一而足。开放源数据包括前面提到的 OPUS 语料库。统计机器翻译社区还会不时组织一些翻译比赛，他们经常以开放的方式提供数据集。[39]其中一些数据集可通过分批或分部分的方式补充现有的翻译记忆库。也有一些以非开放方式运行的其他数据存储库，只向成员提供数据，这些成员可能需要、也可能不需要支付订阅或下载费用就能使用数据。例如，TAUS（Translation Automation User Society）就提供这样的存储库。[40]该系统根据成员上传的数据为他们提供下载的特定数据集。一些服务以混合的方式提供公开和专用的翻译记忆（如 MyMemory）。[41]如 5.3 节所述，不能总是假设翻译记忆包含的翻译质量都很高，特别是在不能随着时间的推移而维护翻译记忆的情况下。

2. 数据处理

在相关数据确定下来后，就必须转换其格式，使之兼容构建模型所用的工具。在某些情况下，并行数据虽然在句段级不可用，但在文档级是可用的。例如，一些 Web 网站在本地化为至少一个目标语时，会包含一些相关的文档对。有一些数据处理工具专门用于获取这些 Web 源，它们使用一些启发式算法将这些文档转换为较小的并行单元，如史密斯（Smith，2013）和贝尔（Bel，2013）等所述。

并行数据必须在训练前准备好，其中涉及给文本做标记，并将标记转换为标准大小写，也可以使用一些启发式算法去掉那些对齐不当或过长的句对。必须执行所有这些步骤，以确保从训练数据中提取可靠的对齐概率。例如，可使用大小写标准化确保词或词的变形不会"削弱"对齐概率的作用。如果训练数据包含一个源语单词的多个变形（如"email"和"Email"），那么这些变形会共用一个概率，从而降低翻译的可靠性。

显然，其中一些步骤与语言有关。例如，对于如英语之类的语言，只需使用很少的几个规则（如单词空格、标点符号和少量缩写），即可实现粗略的词汇切分。但是，对于其他语言（如中文或日文），这些技术将不起作用，因为这些语言分隔单词时不使用空格。相反，它们需要使用基于字典的高级分词器，而这会影响系统（在速度方面）的性能。对于大量使用复合词的语言（如德语），通常还优先使用各种分解规则，以确保获得良好的字对齐概率。这是因为长而复杂的词比短单词出现的频率低。

3. 训练

训练分为两个主要部分，即翻译模式的训练和语言模式的训练。为了训练翻译模式，必须从句对中提取字对齐信息。在完成这些并行句子的预处理后，就可以使用工具（如 GIZA＋＋）进行字对齐（Och & Ney，2003），该工具会实施 IBM 开发的一系列统计模型（Brown et al.，1993）。在统计机器翻译框架中，应考虑每个句对间所有可能出现的对齐情况，并确定最可能的对齐方式。然后，使用这些字对齐提取短语翻译，再使用全语料库统计数字估计这些短语翻译的概率。

下一步是训练语言模式，它是使用目标语言中的单语数据构建的一种统计模式。由于语言模式提供的是一种可能性，即对于某种给定语言，目标字符串在多大程度上是一个实际有效的句子，因此它提供了一种单语训练语料库的模式，以及使用该模式计算新字符串概率的方法。统计机器翻译使用的就是这个模式，旨在确保输出译文的流畅性。对于构建语言模型，Moses 使用的是外部工具包，如 IRSTLM（Federico et al.，2008）或 SRILM（Stolcke，2002）。在构建语言模式模型时，应考虑的一个重要因素是估计概率时应使用的子字符串的最大长度（以单词数或令牌数计）。此类单词序列（或令牌）称为"n-grams"，其中 n 指的是短语的长度（如"bigram"中的 n 为 2）。为了区分流畅和不流畅的句子，通常需要构建一些模型，使用训练语料库中较长的子字符串。虽然两个单词或三个单词的序列比一个单词的序列更有用，但较长的序列存在着一个大问题，即频率。但是，可以将使用不同字符串长度构建的多个语言模型组合，以同时满足灵活性和上下文敏感性方面的需求（Hearne & Way，2011）。

4. 调整

在统计机器翻译系统过程中，调整是速度最慢的部分，尽管它只需要少量的并行数据（如 2000 个句子）。这个步骤用于优化组合 SMT（统计机器翻译）系统的各种功能时所用的权重。上一节重点介绍了其中两个功能，即翻译模式和语言模式，但也经常使用其他功能（如单词罚分）控制目标语句子的长度（Hearne & Way，2011）。调整过程旨在使用符合理想情况的一组句子解决优化问题。在这种情况下，每个句子都会关联一篇高质量的译文（也许是多篇高质量的译文），因此可以尝试和评估各种权重组合，以便确定哪个权重组合可以生成最接近参考译文的翻译。这种技术被称为最小误差率训练（Minimum Error Rate Training，MERT），由奥赫（Och，2003）提出。这种技术的可靠度依赖于确定两个翻译近似程度时使用的方法。如 5.3 节所述，语义上相同或相关的翻译在词汇层面上并不总是接近的。因此，如何寻找一种可靠的度量方法，以便确定含义和结构的可接受性，成为一个公开的研究问题。之所以存在这个挑战，是因为同一个句子会有许多不同的翻译，而人工评估本身通常也无法做到 100% 的可靠（Arnold et al.，1994）。多年来，人们也就此提出了一些指标，试图以自动的方式解决机器翻译的质量评估问题，详见下一节。

5. 评估

为了绕过人工评估时固有的问题（即成本、时间），过去几年里已经设计了几种自动评估方法。这些自动评估方法大多数侧重于评估机器翻译的译文和一个或多个参考翻译之间的相似性或差异性。通常，使用这些机器翻译指标算出的分数在语料库级别虽然有意义（即生成的是一种面向调整集或评估集的全局分数），但在句段级别意义不大。这些自动指标的例子很多，包括 BLEU（Papineni et al.，2002）、Meteor（Denkowski & Lavie，2011）、HTER（Snover et al.，2006）或 MEANT（Lo & Wu，2011）。虽然所有这些指标都试图对机器翻译系统生成的翻译提供一个质量评估，但它们是完全不同的，因为所涉及的翻译质量实际上各不相同。例如，BLEU 侧重于分析机器翻译的译文和参考翻译之间的"n-gram"（即单词序列）重叠情况，因此对于翻译的流畅性考量较多，充分性则略显不足。Meteor 是一种使用外部资源的可调指标，弥补了 BLEU（依赖表面形式）的一些缺点。这些外部资源包括同义词、释义和词干，它通过避免罚分的方式，从编辑距离角度处理那些与参考翻译不太接近的优质翻译。HTER 的目标则不同，因为它衡量的是人类译员必须执行多大的编辑量才能将机器翻译转变为有效的参考翻译（具体方式是计算编辑类型，如插入、删除、替换和移动）。MEANT 通过比较机器翻译和参考翻译的语义功能填充词，对翻译的效用进行评估，其目的是获取翻译的语义保真度（而不是它与参考翻译的词汇邻近度）。自动评估指标通常被视为一种取代人工评估的廉价替代方案（Papineni et al.，2002）。不过，新的数据集需要提供参考翻译，这比对机器翻译进行人工评估的成本高，特别是如果需要提供多个参考翻译才能提高结果的可靠性时。MEANT 建议的方法略微降低了这一要求，因为它使用的是未经训练的单语参与者提供的注释。尽管机器翻译评估领域已开展了所有的研究工作，但没有一个解决方案可以完美地衡量个人翻译质量。但是，可以在调整过程中使用这些方案将权重与统计机器翻译系统的组件一一挂钩，并帮助统计机器翻译开发人员了解自己的修改如何、是否有一些改进。虽然这些工具大多没有自己的图形用户界面，但是 Asiya Online 工具包可在上传文件后轻松地生成各种分数。[42]

　　不过，在某些情况下，单纯依靠语料库级别的分数还不足以理解为什么机器翻译系统会生成某个给定的句子，或者某些源语修改是否会对机器翻译的译文产生影响。在这些情况下，需要使用不同的工具在单词级别直观显示对齐的句子。X 射线就是这样一种工具，它通过 Meteor 指标生成的一些单词对齐信息来识别两个字符串之间的差异（Denkowski & Lavie，2011）。

　　6. 工具

　　对于刚接触机器翻译的人来说，其中一些步骤会令人望而生畏。但好消息是，由于统计机器翻译社区已完成了大量的工作，所以构建统计机器翻译系统要比 21 世纪初简单得多。例如，Moses 框架配备了一个自动流程，可让用户通过运行非常少的命令构建和评估统计机器翻译系统[43]；也提供了一些详细的视频教程，指导用户执行那些运行或重新运行特定命令所需的每个步骤。[44] 最近还出现了一些新的图形工具，如 DoMT，它可帮助用户在桌面或服务器级别执行训练、调整和评估步骤时减少遇到的复杂问题。[45]

最后，现在也提供云服务，如 LetsMT!、KantanMT 或 Microsoft Translator Hub，这几乎将统计机器翻译系统的构建转变成了"一键式"流程。[46-48] Microsoft Translator Hub 提供的方法与 KantanMT、LetsMT! 不同，因为前者是对现有的通用系统的自定义，后两者则是创建的全新系统。虽然第一种方法可为通用单词或短语提供即用式翻译，但不清楚需要多少额外的训练数据才能翻译特定的短语或术语。在专业领域中，一些单词通常会具有新的含义。在用于自定义现有通用系统的额外数据集中，可能出现这类新的含义，但其出现频率不足以达到用于计算原始模型的程度。第二种方法可为翻译特定领域的术语提供更多控制，但是如果训练数据与应使用新建模型进行翻译的数据不完全匹配，则会遇到覆盖范围问题。

5.5.3 混合式机器翻译

值得一提的是，基于规则的机器翻译和统计机器翻译之间可以存在多种组合应用方式。虽然真正的混合式系统要同时依赖规则和统计才能执行特定的任务（如分析或生成），但不同的系统组合形成的功能也不同，其目的都是提高翻译质量。例如，可以通过串行方式使用两个系统，先在源语和目标语之间使用基于规则的机器翻译进行翻译，然后使用统计机器翻译系统优化目标语译文。这样，可以将粗加工的目标语转变成高质量的目标语译文（Simard et al.，2007）。另一种方法是使用两个不同的系统（如基于规则的系统和统计系统）翻译相同的输入文本，以便将第一个系统生成的译文中的短语替换成其他系统生成的译文（Federmann et al.，2010）。

总体而言，不同系统的组合使用和混合式机器翻译是一个活跃的研究领域，但也不应低估此类组合应用方面的复杂性。虽然这些系统已经展现出了强大的翻译质量提升效果，但是它们的部署和使用都会涉及一些投入（如时间、成本、工作量），这些投入或许会、或许不会超过所取得的质量提升。因此，在使用机器翻译的大多数翻译方案中，有必要通过译后编辑步骤将翻译质量提高到可接受的水平。译后编辑是下一节的重点内容。

5.6 译后编辑

在使用机器翻译的情况下，"译后编辑"一词指的是"修改预翻译后的文本，而不是从头开始翻译"（Wagner，1985：1）。艾伦（Allen，2003：207）对这个定义做了进一步的补充，他认为"译后编辑器的任务，就是对机器翻译系统处理过的、从源语预翻译为目标语的文本进行编辑、修改和/或修正"。如上一节所述，机器翻译系统（甚至是自定义的机器翻译系统）生成的翻译往往质量不高，无法使用，因此需要进行一些编辑工作，修改这些机器翻译系统有可能生成或引入的一些错误。虽然机器翻译系统生成的一些建议译文是完全可以接受的（也就是说这些机器译文既做到了原汁原味，又达到了行文流畅），但其中许多都是包含各种错误的，任何一个目标语的母语人士都很容易发现。译后编辑任务与编辑翻译记忆库中的匹配句对任务不同，因为翻译记忆系统给出的目标语句段往往具有很高的流畅性。因此，从认知角度来看，阅读这些记忆库中的句段并发现其中丢失或多余的信息，并不是一件太难的事情。另外，机器翻译的流畅性非常差，这会增加认知负担，因为译后编辑人员必须做到以下两点：①确定机器翻译的各个部分是否值得保留；②决定如何最恰当地将不正确的翻译改为正确的翻译。还有一种更让人揪心的情况是，如果"译后编辑人员对这些牛头不对马嘴的机器翻译变得'熟视无睹'了，那么他们再也不会注意这些错误的地方了"（Krings，2001：11）。为了指导译后编辑人员正确地开展编辑工作，多年来已经提出了各种译后编辑模式和指南，详见下节。

5.6.1 译后编辑类型

20世纪80年代，欧盟委员会提出了"快速译后编辑"（Rapid Post-Editing）的概念，旨在将译员的文本修改量降到最低程度。当时的背景是要给各方面的读者提供大量只需了解要旨①的文档。所谓"要旨"，就是只从文本中提取一些重要的信息。在读者愿意接受此类要旨低质翻译的情况下，只要这些翻译保持"合理的可理解性和准确性"，这种方法就算成功了（Wagner，1985：1）。

---

① 原文为 gisting。——译者注

不过，这种方法的问题在于文本（或文本片段）是否具有可理解性，不同的读者会有不同的观点。显然，文本的可理解性与给定读者的背景知识密切相关。如果一位读者既熟悉某个给定的主题，又阅读了大量关于这个主题的文章，那么即使机器翻译的质量不高，他们也能够非常轻松地提取机译文档的要旨，但很少接触或是首次阅读此类主题文章的其他读者则不然。虽然可以通过定义的方式确定目标读者群体，但"快速译后编辑"这个概念并不像初看起来那么简单。

为了解决这个问题，20 世纪 90 年代，工业部门引入了"最低程度译后编辑"（Minimal Post-Editing）一词，其目的是应对向客户型读者发布翻译文件的形势需要（Allen，2003：304）。在这种情况下，了解文档的要旨已经不够了，必须彻底修改机器翻译的译文，以最少的修改量确保译文不存在准确性问题。不过，这种模式遇到的问题与快速译后编辑相同。两者都不能直接通过一致的标准确定哪些编辑是关键的、哪些编辑是必要的、哪些编辑是优先的、哪些编辑是多余的，特别是当执行译后编辑任务人员的专业知识水平参差不齐时。艾伦（Allen，2003）提到，对这些标准的不同解释会导致出现编辑过度或不足的情况。从 TAUS 和 CNGL 针对质量标准制定的指南看，也十分支持最低程度译后编辑这一概念。[49] 这些指南更强调从语义的角度考虑翻译的准确性，要求译后编辑人员尽可能多地保留原始机器翻译译文。对专业翻译人士而言，这些指南怎么看怎么别扭，因为他们都经过专业训练，始终不变的一个标准就是完成高质量的译文。因此，艾伦（Allen，2001：26）警告说："现在一个普遍的现象是，要求译后编辑人员进行快速或最低程度的译后编辑时，他们实际上会对预翻译的文档进行近乎全面的译后编辑，最终与原来的要求相差甚远。其中的原因很简单，就是每个人都希望编辑完成质量最好的翻译文件，从而留住客户，以便参与未来的翻译项目，包括译后编辑工作。"

为了全面避免以前的模型和指南固有的混乱现象，现在引入"全文译后编辑"（Full Post-Editing）概念，这样译后编辑人员就可以通过编辑将机器翻译转变为高质量的译文。这个概念也同样得到了 TAUS 和 CNGL 相关指南的支持，其中不仅要求拼写、标点符号和语法必须正确，而且从文体角度来看译文还应流畅通顺。这些指南还提到，应尽可能多地使用原始的机器翻译译文。在某些情况下，需要花费很长时间才能读懂、弄清楚和修正那些质量不佳的机器翻译部分，然后达到人类翻译的质量。从译后编辑的角度来看，如果为了创建一个没有任何限定成分的新句段而使用键盘快捷键删除整个句段，有时很难保留机译句段中一些零散的片段（然后根据限定成分在这些片段前后加入新的译文）。

在给定的译后编辑项目中，不管使用何种模式，译后编辑任务都会涉及一些对细小错误进行重复而枯燥乏味的修改（Wagner，1985）。为了避免修改项目（或句段）之间这类重复出现的问题，目前已提出了许多最大限度地减少译后编辑工作的方法。上一节已经介绍了其中一些方法，包括预处理、系统自定义或组合以及自动进行译后处理/译后编辑。如奥布赖恩（O'Brien，2002）所述，这些任务需要译员具备一些非传统翻译的特别技能（如宏应用能力、编写机器翻译字典代码和积极面对机器翻译的态度）。就专业翻译人士而言，在接受译后编辑工作时应记住这一点。对于翻译客户，在挑选译后编辑供应商时也应对此加以考虑。下节重点介绍可用于执行译后编辑任务的工具。

5.6.2　译后编辑工具

如第 4 章所述，可在提供上下文的环境中实施本地化，也可在上下文之外实施本地化。这个方法也适用于译后编辑。既可在用于发布机器翻译内容的环境中执行译后编辑，也可以在本地化工作流中使用译后编辑工具。

对于提供了上下文的译后编辑，可使用基于 Web 的专门工具，包括那些与源语和目标语内容的创建和发布平台密切或松散集成的工具。以 wikiBABEL 平台环境为例（Kumaran et al.，2008），它提供用户界面和各种语言工具，可通过协作的方式对众多用户提供的原始维基百科内容进行修改。这些工具也可为编写质量更高的目标语内容提供帮助。在 ACCEPT 译后编辑环境和 Microsoft Collaborative Translation Framework 中，则采用了类似但更为通用的方法（Roturier et al.，2013）。[50] 通过这些工具，特定用户在网站上遇到不合格的机器翻译文本时可直接提交修改建议，然后向新的网站访问者显示这些修改后的改进版本。

对于本地化工作流中的译后编辑工具，情况要稍微复杂一些。即使译后编辑在 20 世纪 80 年代就已经以翻译活动的形式面市了，但它仍然是一个十分活跃的研究领域，因为许多问题仍然没有找到答案（如如何使用译后编辑工作持续改进机器翻译系统），因此多年来已经开发了许多译后编辑原型环境。对于这些专门的译后编辑工具，其主要目标是研究译后编辑人员的工作，如使用键盘记录或视频跟踪软件记录各种译后编辑操作。此类工具很多，包括 Translog II（Carl，2012）、PET（Aziz et al.，2012）、CASMACAT（Elming & Bonk，2012）或 MateCat。[51] 虽然理论上这些工具可执行各种实际的译后编辑任务，但它们通常不具备提高专业译员效率的任何功能（如拼写检查、翻译记忆库查找、字典搜索、词语搜索、预测性翻译）。

根据莫尔肯斯和奥布赖恩（Moorkens & O'Brien，2013）的观点，专业的译后编辑工作采用的往往是基于桌面的工具，如翻译记忆库或翻译环境工具，但它们本来是针对编辑人工翻译设计的。在翻译工作流中尤其如此，它将人类译后编辑人员的工作集成到一个串行流程中，先由机器翻译系统生成初始翻译，再由译后编辑人员进行验证和/或编辑。在这种情况下，机器翻译系统和译后编辑人员之间没有直接的互动，这意味着机器翻译系统不能即时从人类翻译技能中受益。这种情况还会妨碍译后编辑人员最大限度地发挥机器翻译系统的作用，因为他们只能看到一个初始翻译（如果考虑到一些译后编辑人员会提供非常深刻的建议，那么这些初始翻译还不是机器翻译系统可以生成的最佳翻译）。

作为一种取代串行工作流的方案，人们提出了交互式机器翻译，详见朗格莱和拉帕姆（Langlais & Lapalme，2002）、卡萨库维塔等（Casacuberta et al.，2009）和巴拉汉（Barrachina，2009）等的相关论述。在交互式机器翻译中，机器翻译引擎与译后编辑环境紧密集成，译后编辑人员每修改一处机器翻译的译文，翻译引擎就可以随时进行搜索利用。然后，通过机器翻译技术生成目标语句子，再由人类译员进行交互式确认或编辑。机器翻译引擎利用译后编辑人员的修改生成质量更高的翻译，为正在翻译的句子提供几乎完成的候选译文。交互式机器翻译基于统计机器翻译框架（Koehn，2010），它使用统计机器翻译为每个源语句子自动生成初始翻译，再由译后编辑人员从头到尾进行审校。在译后编辑人员修改第一个错误时，统计机器翻译系统会在考虑修改意见后提出一个新的翻译建议。然后，不断重复这些步骤，直到整个句子翻译正确。这种做法与预测性键入技术有一定关系，一些翻译记忆工具中经常使用这种技术。但两者仍有不同，翻译记忆库的预测性键入技术是根据译员的输入内容

（即已输入的多个字符），并参考术语表或不可译列表中的单词预测，提供可能的单词建议，而交互式机器翻译则是通过生成句子候选译文为整个句子提供翻译建议。这两种方法要发挥作用，都必须考虑可用性因素，因为实践证明，每按一下键就给译后编辑人员提供一个新的预测性建议，从认知角度看都非常困难（Alabau et al.，2012）。

5.6.3 译后编辑分析

完成译后编辑后，建议对已修改的机器翻译终稿进行字面分析。无论编辑工作是由第三方还是译员自己完成，这个分析步骤都非常有用。要分析两个文档或两组句段之间的编辑情况，必须使用比较方法。文本比较的方式多种多样。比较时无需考虑算法的细节，但值得一提的是可使用多个机器翻译评估指标进行分析。例如，机器翻译一节中介绍的 TER 指标就可以统计修改句段时执行的移动、替换和插入次数等详情。在译后编辑中执行文本修改的字面分析时，其中一个目标是直观显示两个句段之间的不同。方法之一是使用颜色突出显示相关单词或虽在最终译文出现但未在原始译文中出现的字符。例如，SymEval 工具可让用户比较翻译流程中使用的两个或三个文件。[52] 图 5.4 显示的界面可用于选择输入文件（如文本文件、TMX 文件或 XLIFF 文件），其中包含两组应对比的翻译。这两组翻译对应的分别是机器翻译句段和译后编辑句段。

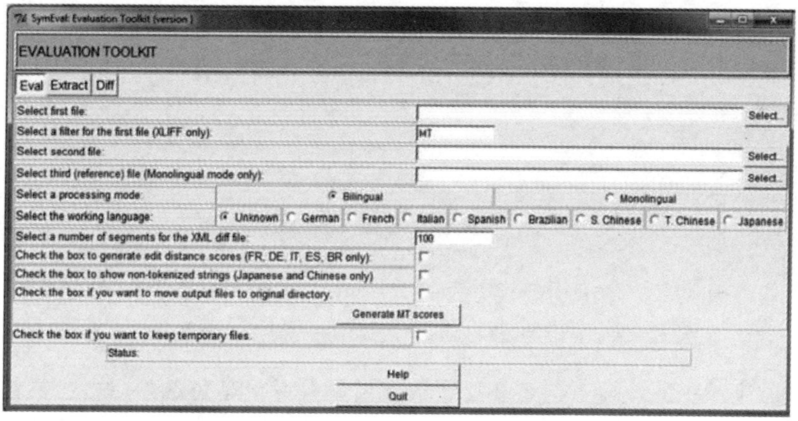

图 5.4 SymEval 界面

SymEval 会生成 XML 报告，其中包含使用通用文本匹配器（General Text

Matcher）评估指标生成的句段级差异情况和分数（Turian et al. , 2003）。报告会以颜色编码方式突出显示两组句段之间的差异。这种方法除了可分析机器翻译句段及其相应的最终翻译之间执行的更改情况，还可以比较两个不同的（机器或）译员提供的两种翻译。因此，这类工具可用于质量保证（QA）目的，下一节将对此进行介绍。

5.7　翻译质量保证

在本地化中，翻译质量保证是一个复杂的问题，因为并不总是能够直截了当地明确语言问题与功能问题之间的区别，而功能问题又可能是因为在多语应用程序中引入了翻译字符串造成的。如第 3 章所述，如果应用程序完成了本地化，就可以使用国际化技术将质量保证工作量减少到最低程度（甚至完全消除）。例如，有些 UI 字符串翻译后的文本长度会增加，而在源语设计和代码中使用灵活的布局，就可以降低截短这些字符串的风险。不过，如果最初的开发过程没有遵守国际化原则，必须进行额外质量保证工作的风险就会增加。本地化质量保证工作与翻译质量保证工作不同，因为译员并不总是能预测与翻译相关的问题（如字符串长度增加）。虽然译员或翻译审校的职责是确保译文达到翻译客户规定的质量期望，但要预先考虑字符串连接或截短问题（特别是在没有提供上下文的情况下），这不一定是译员的责任。在研究可在翻译质量保证过程中使用的技术前，先介绍一下这些流程中的参与者。

5.7.1　参与者

在翻译流程中，几种最常见的参与者类型有：翻译客户，语言服务提供商，译员，翻译审校人员，当地审查人员，翻译用户。

例如，在欧盟标准化委员会（European Committee for Standardization, CEN）2006 年发布的《EN15038 翻译服务标准》中，将译员和修订人员列为认证翻译流程中的重要参与者，而审校人员和校对员是可选参与者，具体取决于翻译客户同意与否。[53,54]

显然，客户（如应用程序出版商或语言服务提供商）给翻译项目分配的专业译员负责（或应该负责）检查其翻译质量。如果译员以合理收费的方式根据特定指南要求提供高质量的翻译，那么其翻译工作应分为一个或多个翻译任务进行验收，然后进行质量保证审校。审校任务的重点非常广泛，因为翻译中会出现各种错误，包括错译、拼写错误、术语遗漏或文件损坏。

如果语言服务提供商收到了翻译任务委托，但将其分配给了第三方（自由）译员或更小的语言服务提供商，那么在将翻译交给客户之前他们很可能必须实施并通过翻译质量保证步骤。这个通过有时也指 TEP（翻译、编辑、校对）工作流中的编辑和校对通过。如果是一个涉及多位译员的大型项目，那么这个通过是至关重要的，特别是在译员尚未在整个项目中进行沟通以便讨论并同意如何理解收到的任何翻译指南的情况下。协调翻译会涉及很多工作，绝不应低估，特别是让新译员与经验更丰富的译员一起工作时。正如娜塔莉·凯利（Nataly Kelly）在《关于翻译的十个常见误区》一文中指出的，增加译员不会提高质量。[55]这个任务的重点是内容协调，确保最终文本的连贯性和一致性。显然，仍然可能会发现表面错误和错译，但译员应该可以解决这些问题。如果必须合并多个文件以便将翻译的资料提供给翻译客户，那么文件验证也是这个任务的关键要素。

翻译客户会执行一些翻译质量检查，特别是当他们投入时间和精力拟定了风格指南和术语词汇表时。这个任务的重点是确保目标文件有效且没有损坏，并且已经遵循了项目说明，并有可能对一些翻译的材料抽样检查（而不是审校）。在本步骤中，也会计划一些翻译准确性检查，理想的情况是安排可以验证翻译内容准确性的领域专家（特别是在内容具有技术属性的情况下）。

从一开始，当地审校人员就不能是发出翻译请求的人员。在大型组织中尤其如此，全球项目经理会以目标语订购翻译，因为他们对此几乎或根本没有专业知识。当地审校往往侧重于风格和语言的流畅性，因为大多数错译应该在本地化工作流的早期步骤中就已被发现并处理了。当地审校人员检查最终文件或应用程序，而不是处理这些步骤中使用的中间文件或工具（如 XLIFF 文件、翻译管理系统）。字符串或文档翻译后会形成新的用户体验（外观或感觉），这个任务的主要目标是确保它们符合本地的习惯和期望。在理想情况下，用户或读者不会察觉到自己看到的是经过翻译的内容，所以当地审校人员的职责是确保内容的风格能取悦目标用户，甚至让他们感到惊喜。

最后，在某些层面上，也可以让翻译用户参与质量保证任务。应用程序发布者运行测试版软件的频率越来越高，他们会在测试期间要求用户报告影响应用程序质量的任何问题。虽然这些程序的测试重点往往放在功能上，但也可以汇报由翻译错误导致的用户体验问题。就 Web 内容而言，Web 页面上往往设有反馈表格，供用户对翻译内容发表评论或意见。虽然这些反馈表格的重点通常集中在有用性和相关性上，但也可通过这条渠道报告语言问题。

以下各节重点介绍用于检查翻译文本质量（而不是验证文件格式）的翻译质量保证技术。从大多数人（翻译用户除外）感兴趣的角度来看，这些技术主要分为手动、基于规则、统计和基于机器学习四类。有些检查会根据规则检测翻译前后句子长度不一致的句段（如在给定具体语言对的情况下，两个单词的句段绝不可能译成 20 个单词的长句段）。其他检查则根据统计数据识别与此前翻译所用风格大不一样的译文。最后值得一提的是，近期使用机器学习技术开展的工作重点是评估翻译的质量（或至少尝试预测一些质量特征，例如应具有多高的流畅性、需要多少编辑工作才能让机器翻译达到可接受的程度）。

5.7.2　手动检查

4.2.4 节中提出的自动测试在识别功能错误方面还有很长的路要走，而且无法充分识别错译问题。要解决这些问题，可使用 4.2.8 节介绍的上下文本地化方法。另一种方法是使用样式指南定义最终翻译文档的特征。这种方法类似于 4.3.5 节介绍的方法，只不过更侧重于翻译指南。该方法可以有效地定义审校人员应该遵循的一整套说明，以此方式识别（也可以修复）翻译流程中产生的问题。很多时候，审校人员为了对翻译文本进行"精雕细刻"，使之符合预定义读者的期望，通常会将所有心思放在目标语言区域上。当要求审校人员根据风格指南验证或评估翻译时，他们通常会使用翻译样本和错误类型，按类别（如语法、拼写、流畅性）和严重性（如次要错误或主要错误）对错误进行分类。最近，对 IT 领域中使用的常见错误类型调查发现，LISA 质量保证模式（3.1 版本）仍广受欢迎（O'Brien，2014）。[56]有关完整的专业翻译质量的探讨详情，请参见德鲁甘（Drugan，2014）的相关论述。不过，即使采用抽样策略，以人工方式统计错误也会变得枯燥乏味。[57]这就是为什么经常使用自动方法加快翻译质量保证或评估过程，而这些方法无一例外都是基于规则、统计或机器学习。

5.7.3　基于规则的检查

经验丰富的译员或翻译审校人员可以根据目标语（翻译）文本的各种特征快速发现译文的不正确或不充分之处。例如，如果拼写和语法错误的个数异乎寻常，则表明可能该译员不是相关目标语的母语人士，或者翻译工作完成得非常匆忙。如果安排领域专家进行级别更高的检查，发现目标语文本中存在错译，则表明译员缺乏关于特定领域的充足知识。目标语文本的这些质量特征可视为违反了某些规范或约定。只要这些规范是正常的，就可以定义规则对目标语文本进行检查，如是否表现出上述特定特征，当然此时也要考虑源语文本。这些特征的例子包括拼写、语法、风格、术语和格式。

有许多免费的和商用（图形）工具都可执行这些检查，包括（但不限于）ErrorSpy、QA Distiller、ApSIC Xbench 和 CheckMate。[58－61]质量检查功能也可以集成到在线工具中，如图 5.5 所示。

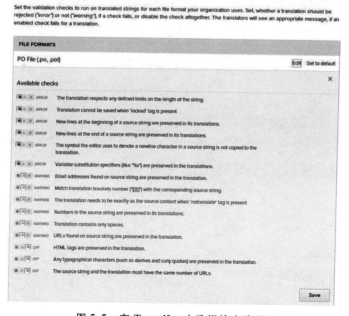

图 5.5　在 Transifex 中选择检查选项

其中，大多数工具遵循的步骤都十分相似，具体如下：

1）定义要执行的检查（如拼写、一致性、自定义检查）。

2）选择要检查的文件（如 TMX 双语文件）。

3）根据预定义的检查分析文件，以便发现其中的违规现象。

4）生成在文件中发现的违规列表（如果有的话）。

5）在重复分析之前，为用户提供修改文件和/或调整检查设置的机会。

一些检查是专门针对用户界面字符串的。例如，一些检查会在译文中寻找变量序列的换行符。其他检查则寻找标记内容特征，如 URL 或 HTML 标记。这些检查都具有至关重要的作用，因为如果翻译中缺乏此类实体，会导致功能减少，更糟的是有可能导致应用程序崩溃。

这个检查流程也极为有用，因为可以发现各种严重违反规定的文件。在通常情况下，这些工具可使用户根据需求情况定义问题的严重级别，从而轻松地为给定项目选择具有针对性的检查。就检查内容而言，包括单词重复、多处空格、乱码、内联代码或标记出现差异及漏译。图 5.6 是使用 CheckMate 工具根据规则检查出来的违规情况列表。[62]

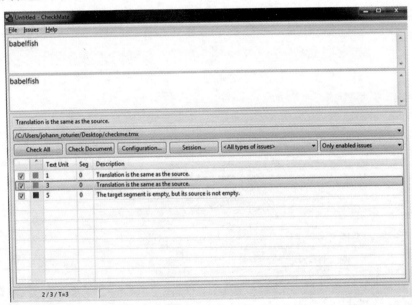

图 5.6　使用 CheckMate 检查 TMX 文件

　　在通常情况下，必须根据专业领域或项目特征经常对这些规则进行调整，以免出现误报。有关调整规则的流程，请参阅 3.4.6 节。例如，可通过配置使 CheckMate 利用 LanguageTool 提供的规则。检查译文时可使用双语规则（如只在源语和目标语都出现术语错误时才对译文进行检查），而不是使用单语上下文。[63]这种双语检查的功能极其强大，能以识别上下文的方式检测各种违反规则的情况（如如果源语句子包含"W"，则译文句子不得包含短语"XYZ"）。CheckMate 还可为用户提供删除预定义模式，并具有使用正则表达式创建新模式的功能，如图 5.7 所示。

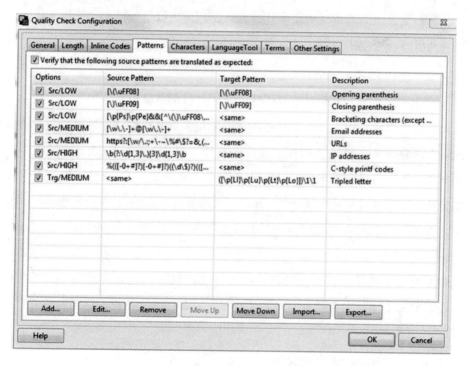

图 5.7　使用正则表达式配置 CheckMate 模式

　　这种方法对检查那些使用了特定模式的文件格式非常有用。以 4.3 节中的 reStructuredText 格式为例，它使用了一种现有的即用型检查工具不曾涉及的表示法。[64]但又必须翻译使用这种格式编写的源语内容，并使用上述国际化流程中的机制（如 gettext）。[65]在翻译流程中，很容易出现内联标记中断的现象，因此建议在修订阶段以自动方式检查目标语文本中的标记情况。

虽然可以使用自定义模式扩展一些图形工具，但对于复杂的检查有时需要创建小脚本。在必须以批处理模式检查参考文件或系统（即检查大量文件）时尤其如此。例如，通常需要检查用户界面字符串的翻译是否在整个应用程序中保持一致（即 UI 字符串是否会在源代码中出现，或在随附的文档内容中是否进行了引用）。如果源语内容中的字符串标记清晰，那么可以非常轻松地在文档中验证 UI 字符串的一致性，但情况并非总是如此。在这种情况下，就需要采用一些启发式方法进行提取和验证，详见罗蒂里耶和莱曼（Roturier & Lehmann，2009）的相关论述。

虽然基于规则的检查功能十分强大，但必须进行手动操作，枯燥乏味。这时应采用另一种方法，即统计检查。

5.7.4　统计检查

统计检查是另一种翻译质量保证方法，其目的是确定当前的翻译风格是否与以前的相似或一致。如机器翻译评估指标相关章节所述，可以采用各种方法来定义两种译文之间风格的相似性或一致性，包括（在单词或字符级别）计算新译文和以前译文中出现的 n-gram 次数（和重叠情况）。其他方法则是将文本转换为词向量（Word Vector），并使用距离指标（如余弦）计算相似度。此类方法的计算成本非常高，所以通常采取在线服务的形式，如 Digital Linguistics 公司发布的 Review Sentinel 云应用。[66]这类服务可使审校人员将重点放在与现有（翻译）文档差异最大的翻译文档部分，它其实采用了这样一种假设，即文体差异本身就是一种翻译指标，可以有效地发现不符合风格规定的译文。

5.7.5　基于机器学习的检查

翻译质量保证过程中使用的第三种方法是基于监督机器学习技术的方法，即质量估计或置信区间估计（Blatz et al.，2004）。在自然语言处理中，质量评估要在未访问参考翻译的情况下预测名义值或数值。从翻译角度来看，这意味着要在考虑各种要素（也称特征）的情况下尝试预测译文的特性（如对于给定的受众，可理解性有多高，流利程度如何，需要多少译后编辑工作才能将其变成可接受的版本）。一般而言，其过程类似于 4.3.2 节重点介绍的如何确定文本句子边界的内容。

　　翻译质量评估中使用的特征往往分为多个类别，包括从源语和目标语文本的语言或统计特征（如源语和目标语单词的数量、给定语言模型的源语文本概率）到与译员相关的信息。Quest 质量估计框架中提供了一些有关特征示例。[67-70] 与译员相关的信息取决于译文是由机器翻译系统完成的还是由人类译员完成的。例如，从翻译完成时间来看，机器翻译系统可以忽略不计，人类译员则不同，所以两者在时间上的相关性有天壤之别。以这些特征为预测参数，并结合机器学习方法，对下面的内容给出估计性的信息，包括二元逻辑判断（如对各种问题给出"对"或"错"判断、"这个译文好吗？"）、程度估算（如请对该译文的可理解性给出评分，评分范围是 1~5 分）或连续跟踪分数（如这个翻译的 BLEU 分数是多少）。翻译质量评估主要针对的是机器翻译系统生成的翻译，首先是单词级别，然后是句子级别。

　　在确定相关特征后，就需要从训练数据中提取或计算这些特征，包括真实的翻译句对、潜在的其他元数据及质量估计系统预计应使用的值或标记。特征提取是一个缓慢而复杂的过程，具体取决于特定值的计算难度。如果源语和目标语文本中的标点符号数量统计相当简单，那么计算困惑度（Perplexity）分数首先涉及的是创建语言模型。困惑度这一术语起源于信息论，是指概率模型预测样本的能力。当在测试样本上对语言模型进行评估时，困惑度分数高表示语言模型感到"惊讶"（如这很可能是因为存在未知词汇或超出词汇范围的单词）。在提取了所有特征（且已完成规范化以避免出现范围不一致的现象）后，可将它们传到机器学习算法中构建预测系统。就学习算法而言，目前已经尝试了几种，经过验证，支持向量机器和决策树学习已被广泛接受（Callison-Burch et al.，2012）。在模型构建完成且新数据已转换成与模式预期相对应的特征值后，就在新数据上使用该模型预测标签、类或分数。

　　虽然现有的工具包（如 Quest）可使特征的提取和预测步骤尽可能实现"透明化"，但这些工具并不像其他开源翻译工具（如 OmegaT、Moses 或 Apertium）一样成熟。这部分是因为质量估计工具要依赖特征提取步骤的外部工具（如语言模式工具 IRSTLM），或学习和预测步骤的外部工具（如功能强大的 Python 包 scikit-learn）。随着机器翻译质量估计（如 2012~2015 年的共享任务的可用性所示）日益引起人们的兴趣，以及跨行业评估框架（如 Dynamic Quality Frame-work）的出现，在不久的将来很可能会出现更多易于使用的、强大的工具和标准。[71]

5.7.6　质量标准

由于翻译任务本身具有浓厚的主观性，一直难以对翻译质量标准进行准确的界定。艾斯林克（Esselink，2000：456）解释说："尽管任何人都同意，就术语、写作风格和格式而言，优质的翻译必须具有准确性和一致性。但制定完善并在全球范围内应用的翻译质量评估标准指标并不多。"虽然汽车行业可以依靠其行业标准 J2450 指标、质量标准或框架，但软件本地化行业则非常零碎。[72]长期以来，普遍采用的是 LISA QA 模式，详见 5.7.2 节。这个模式使用的是与不同严重程度挂钩的基本错误分类法。不过，随着 LISA 组织停止运营，这个模式将来的发展前景非常不明朗。除了 TAUS 成员定义的上述 Dynamic Quality Framework（动态质量框架）之外，最近也有一些新的工作进展，但它们并不是完全专门针对软件本地化行业的，包括在 QTLaunchpad 项目中定义的多维质量指标（Multidimensional Quality Metrics，MQM）结构。[73]该结构包括若干方面的质量维度，如准确性、流畅性和真实性。当需要在目标语文本中修改源语文本时，最后一个维度（即真实性）会特别有意义，如 6.2 节所述。

最后，质量标准领域也出现了一个有趣的发展，即国际化标记集（Internationalization Tag Set，ITS）第 2 版引入了新功能。[74]这个新功能支持使用特定的质量标记对 XML 和 HTML 内容进行注释，如代码示例 5.4 所示。[75]在本例中，mrk 元素定义要注释的内容。此元素包含的 locQualityIssuesRef 属性会引用 locQualityIssues 元素，而后者是质量问题列表。这个 ITS 版本还引入了两个新的数据类别，即"本地化质量评级"（Localization Quality Rating）和"机器翻译置信区间"（MT Confidence）。[76,77]第一个数据类别从总体上衡量文档或文档中某项内容的本地化质量，而第二个用于表示机器翻译系统译文准确性的置信区间分数（在 0 和 1 之间）。这些新功能带来了极大的便利，有助于规范本地化项目翻译质量流程各参与方之间的质量注释交换。例如，凡是受邀根据预定义标准（如 LISA QA 质量模型或 Dynamic Quality Framework）判断翻译文档或句段质量的审校人员，均可进行本地化质量评级。

```
<? xml version = "1.0" encoding = "UTF-8"? >
<xliff version = "1.2" xmlns = "urn:oasis:names:tc:xliff:document:1.2"
   xmlns:its = "http://www.w3.org/2005/11/its"its:version = "2.0" >
  <file original = "example.doc" source-language = "en" datatype = "plaintext" >
    <body >
      <trans-unit id = "1" >
        <source xml:lang = "en" >This is the content </source >
        <target xml:lang = "fr" > <mrk mtype = "x-itslq"
            its:locQualityIssuesRef = "#lql" > c'es </mrk > le contenu </
              target >
        <its:locQualityIssues xml:id = "lql" >
          <its:locQualityIssue locQualityIssueType = "misspelling"
            locQualityIssueComment = "'c'es' is unknown.Could be 'c'est'"
            locQualityIssueSeverity = "50"/ >
          <its:locQualityIssue locQualityIssueType = "typographical"
            locQualityIssueComment = "Sentence without capitalization"
            locQualityIssueSeverity = "30"/ >
        </its:locQualityIssues >
      </trans-unit >
    </body >
  </file >
</xliff >
```

代码示例 5.4　使用 ITS 标记注释 XML 中的问题

5.8　结论

　　本章探讨了本地化核心流程"翻译"的许多方面。虽然本地化不限于翻译，但没有翻译也就没有本地化。本章深度展示了基于本地化的翻译工作流中常用的一些工具和标准，包括翻译管理系统、翻译环境、术语提取软件、机器翻译和质量保证工具。虽然这些工具通常可以加快翻译流程（以及整个本地化流程）的进度，但也必须根据使用的工作流仔细选择。这里再次强调，本地化的工作流范围可涉及从少量利益相关方的简单操作到多个参与者分担责任的、极其复杂的操作。无论这些操作的规模如何，本地化工作流的共同目标都是对数字内容进行适应性修改，使之符合多个语言区域的需要。

截至目前，本书对适应性修改的讨论极为有限。有时需要进行一些适应性修改，才能生成有效的目标语翻译（如使用等效的惯用短语），并确保根据目标语言区域的约定显示正确的时间和货币。但更重要的是，适应性修改常需要超越翻译软件字符串或文档内容这一行为本身。虽然必须提供一款便于用户选择各自喜欢的语言来显示图形界面的应用程序，但这并不一定有效，因为这些应用程序可能缺少用户期望的功能。换句话说，字符串翻译只是实现多语应用程序的一个方面。6.3.3 节将进一步讨论其他方面，其中包括操作和处理任何语言内容的能力。

5.9　任务

本节分为四个任务，涉及翻译管理系统、翻译环境、机器翻译和译后编辑及翻译质量保证主题。

5.9.1　审阅在线翻译管理系统的条款和条件

在这个任务中，应该掌握如何识别在线翻译管理系统。有些要点虽已在 5.1 节中介绍，但也请使用自己偏好的搜索引擎扩展搜索范围，自由发挥。一旦发现此类系统，请查找有关该系统使用的条款和条件。如果找不到，请使用其他系统。如果可以找到，请反复、仔细阅读相关规定，了解哪些内容可以上传到该系统，供系统所有者处理或使用。注意在条款和条件（以及相关的数据隐私措施）中是否提及翻译版权。如果提及，则请考虑这些条款是否公平合理、它们是否达到用户自身在使用 Web 网站前的期望。

5.9.2　熟悉新的翻译环境

本任务的目的是介绍一个以前从未用过的翻译环境。本章 5.2 节提供了许多建议要点，说明在哪里才可以找到此类（基于 Web 的或基于桌面的）环境，但依然建议使用用户自身偏好的搜索引擎发现更多的类似环境。假定在已经接受了翻译项目工作的情况下，如果根本没有意识到客户使用某个特定的翻译环境会出现什么情况，那么这个时候再拒绝项目可能为时已晚。所以，建议从头到尾浏览一遍这个新的环境翻译，将项目译成所选语言的 HTML 文件。[78]可访问在线源语文件，并单击 Web 浏览器中的"另存为"（或类似选项），将其保存到用户的计算机。

在完成此作业的过程中，请注意新翻译环境的以下方面：

1）可用性。环境适合这个任务吗？使用体验愉快吗？

2）文档（和可能的支持）。这个环境的文档配备情况如何？是否无需太多的练习和/或训练就可以直观地使用？

3）工作效率。使用用户自身首选的环境翻译文件是不是会更快一些？这是由于新环境的功能造成的，还是由于不熟悉，或者两者兼而有之？

4）功能。这个环境是否缺少一些用户自身习惯使用的功能？在首选的环境中，是否有自己想要使用的新功能？

5.9.3　构建机器翻译系统并进行译后编辑

在这个任务中，将体验 LetsMT！平台为所选的语言对创建的机器翻译系统，如图 5.8 所示。[79]

训练和调整步骤需要很长时间，因此可能必须先启动创建过程，然后等待通知才能使用相关系统。在系统准备就绪后，请使用系统翻译一些与所选训练数据相关的句子。然后，花些时间分析其中的一些翻译，识别系统频繁出现的错误。如果看到一些短语始终都是错译，是否会考虑使用其他数据源对系统进行重建和强化？用户也应该花一些时间对自己创建的机器翻译的译文进行译后编辑，此时可参考"TAUS 关于实现类似或等于人类翻译质量的指南"。[80]根据这个新建 MT 系统表现出来的特征，你认为哪个指南最难遵守？哪个指南最容易遵守？

如果用户十分擅长使用命令行，并可以访问功能强大的计算环境，则可尝试使用 Moses 而不是 LetsMT！完成那些构建基准统计机器翻译系统所需的步骤。[81]

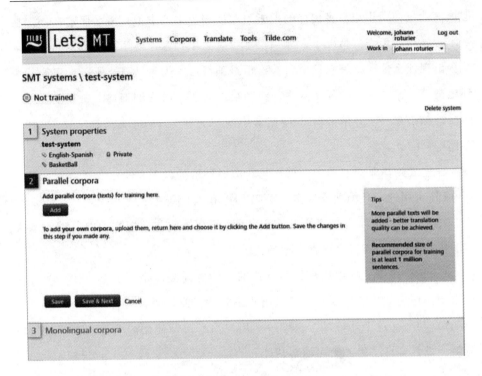

图 5.8　指定训练的数据集

5.9.4　检查文本和进行全局替换

　　本节的最后一个任务是创建检测和替换模式，自动纠正一些机器翻译的文本。开始执行此任务之前，请先选择翻译记忆库，然后使用选定的机器翻译系统，在翻译单元（如 1000 个句段）中翻译一些源语句段。在句段翻译完成后，以手动的方式或使用工具（如 SymEval、Meteor X-ray 或 Rainbox）将其与参考译文进行比较。然后，尝试识别机器翻译系统频繁出现的错误。用户可以使用正则表达式自动识别这些错误，然后定义替换规则，以便自动纠正后续的机器翻译文本。

5.10　相关阅读材料和资源

　　显然，本章并未涵盖所有的工具，特别是在新工具层出不穷的时代。因此，建议读者经常查询相关资源，如 TAUS 和 GALA 目录或 Translator's Toolbox，了解最新的工具或功能。[82-84]本章对翻译记忆的讨论篇幅不多，因为这项技术针对的不仅仅是应用程序本地化。有关该主题的更多信息，请参阅奥斯特穆尔（Austermuhl，2014）的相关论述。有关更详细的具体术语方面的问题，请参阅隆巴德（Lombard，2006）和卡什（Karsch，2006）的相关论述。

注释

［1］作为一种规范，API可让软件组件进行交互。例如，软件库中包含的公共函数集就属于API。在其他情况下，API对应的是客户端应用程序对远程系统进行的远程函数调用。

［2］参见 http://www. linport. org/。

［3］参见 http://wwww. ttt. org/specs/。

［4］参见 http://gengo. com/。

［5］参见 http://developers. gengo. com/。

［6］参见 http://android – developers. blogspot. ie/2013/11/app – translation – service – now – available. html。

［7］参见 https://play. google. com/apps/publish/。

［8］参见 http://android – developers. blogspot. co. uk/2013/10/improved – app – insight – by – linking – google. html。

［9］参见 https://developer. apple. com/internationalization/。

［10］参见 https://developer. mozilla. org/en – US/Apps/Build/Localization/Getting_started_with_ app_localization。

［11］参见 https://translations. launchpad. net/ubuntu/ + translations。

［12］参见 https://www. transifex. com/projects/p/disqus/。

［13］参见 https://translate. twitter. com/welcome。

［14］参见 https://www. facebook. com/? sk = translations。

［15］参见 https://about. twitter. com/company/translation。

［16］参见 http://support. transifex. com/customer/portal/articles/972120 – introduction – to – the – web – editor。

［17］参见 http://docs. translatehouse. org/projects/pootle/en/stable – 2. 5. 1/features/index. html #online – translation – editor。

［18］参见 http://www. translationtribulations. com/2014/01/the – 2013 – translation – environment –

tools. html。

［19］ 参见 http://www. translationzone. com/products/sdl – trados – studio/。

［20］ 参见 http://developer. android. com/distribute/googleplay/publish/localizing. html。

［21］ 参见 http://blogs. adobe. com/globalization/2013/06/28/five – golden – rules – to – achieve – agile – localization/。

［22］ 参见 http://www. jboss. org/The source files for this guide are provided under a Creative Commons CC – BY – SA license：https://github. com/pressgang/pressgang – documentation – guide/blob/master/en – US/fallback_content/section – Share_and_Share_Alike. xml。

［23］ 参见 http://www. nltk. org/book/ch07. html。

［24］ 参见 http://wordnet. princeton. edu/。

［25］ 参见 http://anymalign. limsi. fr#download。

［26］ 参见 http://opus. lingfil. uu. se/KDE4. php。

［27］ 参见 http://docs. translatehouse. org/projects/translate – toolkit/en/latest/commands/poterminology. html#poterminology。

［28］ 参见 http://www. eurotermbank. com/。

［29］ 参见 http://www. termwiki. com/。

［30］ 参见 https://www. microsoft. com/Language/en – US/Default. aspx。

［31］ 参见 http://blogs. technet. com/b/terminology/archive/2013/10/01/announcing – the – microsoft – terminology – service – api. aspx。

［32］ 参见 https://www. microsoft. com/Language/en – US/Terminology. aspx。

［33］ 参见 https://www. microsoft. com/Language/en – US/Translations. aspx。

［34］ 参见 http://www. ttt. org/oscarStandards/tbx/tbx_oscar. pdf。

［35］ 参见 http://www. olif. net/。

［36］ 参见 http://www. aamt. info/english/utx/。

［37］ 参见 http://www. tbxconvert. gevterm. net/。

［38］ 参见 https://www. letsmt. eu/Start. aspx。

［39］ 参见 http://www. statmt. org/wmt09/translation – task. html。

［40］ 参见 https://www. tausdata. org/index. php/data。

［41］ 参见 http://mymemory. translated. net。

［42］ 参见 http://asiya. cs. upc. edu/demo/asiya_online. php。

［43］ 参见 http://www. statmt. org/moses/？ n = FactoredTraining. EMS。

［44］ 参见 https://labs. taus. net/mt/mosestutorial。

［45］ 参见 http://www. precisiontranslationtools. com/products/。

［46］ 参见 https://www. letsmt. eu。

［47］ 参见 http://www. kantanmt. com/。

［48］ 参见 https://hub. microsofttranslator. com。

［49］ 参见 https://evaluation. taus. net/resources/guidelines/post – editing/machine – translation – post – editing – guidelines。

［50］ 参见 http://msdn. microsoft. com/en – us/library/hh847650. aspx。

［51］ 参见 http://www. matecat. com/wp – content/uploads/2013/01/MateCat – D4. 1 – V1. 1_final. pdf。

［52］ 参见 http://symeval. sourceforge. net。

［53］ 参见 www. cen. eu/。

［54］ 参见 http://www. lics – certification. org/downloads/04_CertScheme – LICS – EN15038v40_2011 – 09 – 01 – EN. pdf。

［55］ 参见 http://www. huffingtonpost. com/nataly – kelly/ten – common – myths – about – tr_b_3599644. html。

［56］ LISA 质量保证模型最初由现已停止运行的本地化行业标准协会（LISA）开发。由于这个模型并未成为标准，所以不再有任何官方的维护。

［57］ 参见 https://evaluation. taus. net/resources – c/guidelines – c/best – practices – on – sampling。

［58］ 参见 http://www. dog – gmbh. de/software – produkte/errorspy. html？ L = 1。

［59］ 参见 http://www. qa – distiller. com/。

［60］ 参见 http://www. xbench. net/。

［61］ 参见 http://www. opentag. com/okapi/wiki/index. php？ title = CheckMate。

［62］ 参见 http://opus. lingfil. uu. se/KDE4. php。

［63］ 参见 http://wiki. languagetool. org/checking – translations – bilingual – texts。

［64］ 参见 http://docutils. sourceforge. net/rst. html。

［65］ 参见 http://sphinx. readthedocs. org/en/latest/intl. html。

［66］ 参见 http://www. digitallinguistics. com/ReviewSentinel. pdf。

［67］ 参见 https://github. com/lspecia/quest。

［68］ 参见 http://www. quest. dcs. shef. ac. uk/quest_files/features_blackbox_baseline_17。

［69］ 参见 http://www. quest. dcs. shef. ac. uk/quest_files/features_blackbox。

［70］ 参见 http://www. quest. dcs. shef. ac. uk/quest_files/features_glassbox。

［71］ 参见 https://evaluation. taus. net/。

［72］ 参见 http://standards. sae. org/j2450_200508/。

［73］ 参见 http://www. qt21. eu/launchpad/content/multidimensional – quality – metrics。

［74］ 参见 http://www. w3. org/TR/its20。

［75］ 参见 http://www. w3. org/TR/its20/examples/xml/EX – locQualityIssue – global – 2. xml。Copyright © ［29 October 2013］ World Wide Web Consortium, （Massachusetts Institute of Technology, European Research Consortium for Informatics and Mathematics, Keio University, Beihang）. 保留所有权利。参见 http://www. w3. org/Consortium/Legal/2002/copyright – documents – 20021231。

［76］ 参见 http://www. w3. org/TR/its20#lqrating。

［77］ 参见 http://www. w3. org/TR/its20/#mtconfidence。

［78］ 参见 http://okapi. googlecode. com/git/okapi/examples/java/myFile. html。

［79］ 参见 https://www. letsmt. eu/Register. aspx。

［80］ 参见 https://evaluation. taus. net/resources/guidelines/post – editing/machine – translation – post – editing – guidelines。

［81］ 参见 http://www. statmt. org/moses/? n = Moses. Baseline。

［82］ 参见 http://www. gala – global. org/LTAdvisor/。

［83］ 参见 https://directories. taus. net/。

［84］ 参见 http://www. internationalwriters. com/toolbox/。

6 高级本地化

第4章介绍了基本的本地化概念，重点介绍了略显传统的文本内容本地化方法，也就是以特定的国际化方式对源语进行相应的处理，以轻松地进行提取、翻译，并将其合并到本地化版本中。虽然这种方法对于直观的软件应用程序的文本组件（如用户界面字符串或常见问题解答）非常有效，但并没有解决那些需要进行更复杂转换的情况。从用户角度来看，在应用程序生命周期的任何步骤都会发生这些情况，如图 6.1 所示。

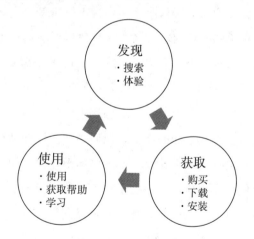

图 6.1　用户角度的应用程序生命周期

最终用户应用程序的生命周期可分为三个主要阶段：用户（通过浏览某些广告资料或使用搜索引擎搜索应用程序类型）发现应用程序的阶段、用户（通过购买、下载并安装的方式）获取应用程序的阶段和用户为执行任务而进行实际交互的阶段。在这些阶段，最终用户会看到属于应用程序本身或其数字生态系统（如营销材料、训练视频）的内容和功能。它们是针对用户的期望和要求开发或者拟定的，其中一些也可归结为文化方面的推动。就应用程序发布者而言，争取和保留用户的主要手段是将那些内容需要修改的地方识别出来，满足甚至超过这些用户的期望。6.1节重点介绍与非文本内容类型相关的适应性修改情况，包括图像、音频和视频。

当需要保留源语内容的主要元素并使之对目标受众产生预期的影响时，也会出现一些其他适应性修改情况，但必须修改内容的格式、结构和措辞，使之在目标语言区域也产生类似的效果。虽然在营销内容上下文中才最有可能考虑这些方面（此时内容创作背后的主要目标是说服用户作出购买决定），但对于其他类型的内容也是有用的，如电子商务内容（供用户交互后购买应用程序）或（真正吸引用户的）信息内容。6.2节更详细地介绍这种适应性修改流程及其对于多语应用程序的影响。

此外，传统的内容本地化方法并不涉及给定应用程序的功能层面。虽然与当地市场的应用程序竞争，翻译应用程序的用户界面还有很长的路要走，但可能需要对功能进行额外的适应性修改才能获得市场份额。例如，计税应用程序可将其用户界面和相关的文档内容翻译成多种语言，但如果不对其进行适应性修改（或从功能角度来说进行本地化），使之支持多个国家/地区（或目标语言区域）的税务，那么对目标语言区域用户的价值也会十分有限。从翻译角度来看，人们会认为这类工作超出了传统翻译工作流程的范围。不过，对于具有高级文本处理或语言工程技能的译员，他们当然能够帮助识别给定语言区域给定应用程序的不足之处。如果让译员使用已本地化的应用程序提供或检查翻译上下文，那么他们会发现应用程序由于缺少功能方面的适应性修改而出现意外行为，即以目标语言显示界面时其功能不足以满足目标语言区域的需求。在发现此类缺点后，可以确定适应性修改要求。此时，语言工程师又可以在这个阶段发挥重要的作用，尤其是在需要修改的应用程序功能与内容处理有关的情况下。6.3节将介绍一些功能适应性修改的示例，以便为特定应用程序提供全面的多语言支持。最后，本章将探讨应用程序的另一个因素，这个因素也是真正实现应用程序本地化和多语言支持所必不可少的。尽管这个因素对译员的吸引力不大，因为它不能通过传统的翻译工作发挥作用，但如果忽略这个因素也会对他们的语言工作产生影响。具体而言，这个因素就是提供不影响用户体验的（无论他们位于何处）多语应用程序的能力。在这种情况下，必须以用户感知的方式对支持给定多语应用程序的系统基础架构进行设计，使内容和服务尽可能靠近用户群，将响应时间和用户的沮丧感降到最低程度。如何协调应用程序所在的位置是 6.4 节的内容。

6.1 非文本内容的适应性修改

在应用程序的数字生态系统中，可能存在多种非文本内容或媒体类型。其中一些会与特定组件中的文本元素相关联。例如，在用户帮助内容（如用户手册）中，经常会发现同时包含文本和图形，如屏幕截图、关系图。就媒体内容类型而言，其组合使用的一个典型例子是基于视频的教程或培训视频（也称为截屏视频或屏播），因为它们有时也会配上文本字幕。本节将按顺序介绍一些内容类型，如屏幕截图、其他图形类型、音频和视频。

6.1.1 屏幕截图

在用户帮助内容中使用的一些图形其实是屏幕截图或屏幕拷图，用于显示应用环境中运行或执行相关操作时特定部件的界面。"环境"一词是指程序或一系列程序的图形用户界面（GUI）。在用户帮助内容中，一些内容通常用屏幕截图来说明，其目的是逐步指导用户执行相关操作，如激活特定的功能、修改某些设置、删除应用程序。由于屏幕截图有时会与文本指令执行相同的功能，所以会产生这样的问题，如为什么要用其中的一种代替另一种、为什么有时又要两者一起使用。下面一项研究（Fukuoka et al.，1999）解答了这样的问题。该研究发现，美国和日本用户认为图形越多（而不是越少）操作就越容易。这项研究还显示，用户更喜欢文本和图形的组合使用，他们认为这些文本和图形比纯文本说明更有效。从符号学的角度来看，屏幕截图扮演了一个标志性的角色（Dirven & Verspoor，1998），因为它们为用户重现了交互环境。

屏幕截图还可以提供一些步骤演示，帮助用户解决问题。有时，内容开发人员还可以在技术支持屏幕截图上编辑添加各种内容，向用户提供额外的信息；可以使用文本或图形界面（如箭头或圆圈）添加相关信息，将用户的注意力吸引到 GUI 截图的某个特定部分。这些其实都是索引原则的应用示例（Dirven & Verspoor，1998：5），因为它们旨在让用户注意应该执行的特定操作或操作的结果。这个原则可让用户只关注需要操作的 GUI 组件。因此，屏幕截图可在界面和说明之间建立某种快速链接，简化用户操作，无需通过繁琐的说明手册去查找各种界面图形项的位置，包括按钮、选项卡、窗格、窗口、菜单栏、菜单项或单选按钮。这些元素也可发挥图标性的功能，也就是通过约定俗成的图标告知用户应在这些项目上执行何种操作，包括单击、选中、取消选中或输入单词。从多语言沟通的角度来看，这些屏幕截图当然应该是用户的语言，方便用户全面执行这些界面要素所代表的主要标志性功能。但这并不总是可以实现的，因为不是所有的第三方英语应用程序都会进行本地化。因此，截图处理是一个复杂的本地化流程。对于人类译员或质量保证专家，有时难以或无法找到以自己的语言显示的相应屏幕截图。因此，不应低估翻译流程中搜索这些界面要素所需的时间。在技术支持文档中，这还不是屏幕截图方面存在的唯一缺点。对于存在视力困难的用户，屏幕截图还可能导致无障碍问题。如3.3.1 节所述，屏幕截图没有附带替换文字，因此会被辅助功能工具（如屏幕旁白程序）所忽略。此外，屏幕截图会影响文档将来的可靠性，或至少会妨碍用户运行原来计划使用的旧版产品，因为旧版文档和新版文档中的屏幕截图不一样。当 GUI 随时间而发生变化时就会发生这种情况。例如，当文档中的文本不是专门针对任何特定的版本时，该文档会适用于操作系统的多个版本。但如果引入了截图，则某些用户会认为该文档是针对特定版本的，再加上屏幕截图与其环境不完全匹配，那么某些用户会得出结论，即这些文档不适用于自己。

其他类型的文档中也会包含屏幕截图。例如，在从特定网站（通常称为App Store）下载的移动或特定平台的应用程序描述页面中，截图的使用日益增加，如图 6.2 所示。

查看这些描述的往往是发现阶段的潜在用户，其中会同时包含文本和图形，因此提供具有相关性的内容对于这些潜在用户是至关重要的。在这种情况下使用屏幕截图时，其主要作用是使用户快速了解应用程序的主要功能，实现

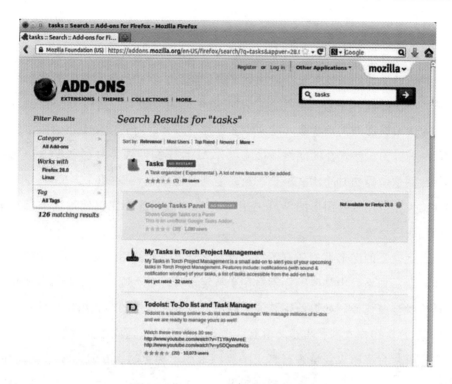

图 6.2 Firefox Web 浏览器的插件库

应用程序的宣传目的。在特定的应用程序类别（如日历应用程序）中，由于可供用户挑选的应用程序越来越多，要想使用户迅速选定自己推出的应用程序，就必须提供既有吸引力又有相关性的屏幕截图。例如，对于一个从英语本地化为法语和德语的应用程序，如果提供的屏幕截图（在用户界面或输入字段中）带有英语文本，那么对将来在法语和德语区域的使用会带来不利影响。如果屏幕截图中显示的内容没有相关性，则提供此类经过本地化的截图也没有效果。以餐厅推荐应用程序为例，如果其目标群体是日语用户，那么以旧金山的餐馆为示例进行搜索演示就不如以东京的餐馆为示例进行演示的效果好。[1]

　　在某种程度上，这一点也适用于有时与技术支持文档关联的视频剪辑（或视频）。这些视频剪辑包含的一般是分步教程，旨在帮助用户寻找他们的问题的答案。从本地化的角度来看，这类元素比静态截图更为复杂，而实用效果又与纯文本相同。在介绍其他类型的图形后，将在 6.1.3 节介绍一些有关此类内容本地化的内容。

6.1.2　其他图形类型

在应用程序的界面或文档中，从必须本地化的图形类型方面来看，截图并不是唯一的一种。例如，一些应用程序要依靠图形创建界面元素，如菜单或工具栏，而不是软件字符串。不过，从本地化的角度来看，这种方法也会有问题，因为编辑图形文件中嵌入的文本非常耗时，并且需要使用专门的图像编辑软件。此外，虽然现在的网络连接速度比 21 世纪初期快，但在"Web 浏览器中加载图像所需的时间比文本长"这一看法仍然成立（Esselink，2000：357）。因此，大量使用这种图形的 Web 应用程序的响应速度会比仅使用文本字符串的应用程序更慢。

其他常见的图形类型还有图标，可与字符串一起使用，帮助用户在应用程序中导航。如果其中某些图标不适用于特定语言区域，则这些元素的本地化属于适应性修改任务。如果使用其他图标或图像取代这些图标或图像，并更为特定国家/地区用户欢迎，也更为直观，那么也需要进行适应性修改。

当针对目标语言区域进行特定类型图形的本地化时，有时必须考虑地理、政治因素，如政治敏感性会受到物质世界特定观点的影响。尽管全球所有语言区域中，人们对于边界或国家的承认并不总是一致的，但这些观点还是可以通过各国国旗或世界地图予以体现。不过，在具体选择时，稍有不慎就可能导致应用程序被拒，因此有时需要进行适应性修改。虽然这项工作的重点更多的在于图形而不在于文本，但如果必须在翻译流程中（通过翻译技巧）删除或引入某个名称时，文本显然会受到影响。同样，在本地化流程中必须小心处理各种可能引发文化敏感问题的宗教或性别偏见的提法或观点。这些问题最有可能影响的是需要进行创译的创意内容（如市场营销内容）。为此，微软"风格指南"建议"必须彻底了解目标市场的文化，检查文化内容、剪贴画和其他有关宗教符号、身体和手势的视觉表示的适当性"（Microsoft，2011：27）。

6.1.3　音频和视频

富媒体内容本地化（如用于解释产品功能的培训视频）显然比文本内容本地化要复杂得多。原因如下：第一，视频的使用方式与文本内容不同。虽然可以通过多次读取文本内容来了解相关内容，但为了再次查看或听取其中部分内容而暂停和回放视频更麻烦。这意味着视频中使用的文本或音频应尽可能清晰、流畅，以免用户因为遇到非常见单词或短语而困惑。第二，可以通过配音了解视频中显示的可视内容，这意味着本地化并不总是能够提供完美的用户体验。如果视频录制的内容是针对特定用户环境的（如显示的是英语操作系统和应用程序），就会出现类似 6.1.1 节所述的挑战。即使视频已本地化为目标语字幕，但用户环境仍是源语语言（如英语），也会导致其他语言区域的用户迷惑不解。在某些情况下，重新以另一种语言录制视频可能是唯一可以确保视觉内容和配音都使用同一语言的方法。第三，培训视频有时会需要安排参与者。如果本地化材料要达到源语材料的效果，那么本地化流程中就必须解决各种问题，如口型同步、专业讲解。其中一些（如招聘当地专业演员或编辑动画，使之与翻译配套）不在本书的讨论范围内。本节的重点是介绍视频字幕和配音脚本的本地化。

1. 视频字幕本地化

虽然没有必要通过配音脚本创建本地化字幕，但其存在确实可以简化翻译流程。例如，可以使用翻译记忆库根据源语脚本的分析来利用以前的翻译。生成视频字幕需要三个步骤，即实际创建字幕、字幕与音轨同步、最终审校。所有这些步骤都可以使用专门的软件（如在线 Amara 服务）完成。[2] Amara 服务由非营利组织 Participatory Culture Foundation 基金会发布和维系，目的是为各种媒体提供免费和开放的工具。[3] 这项在线服务可让用户使用图 6.3 所示的界面生成所选语言的字幕。

第一步的目标是键入与音轨中的内容相对应的翻译。如果是产品教程，则会由产品指导人员配音，介绍完成特定目标所需执行的步骤（如安装产品或使用特定产品功能执行某项任务）。Amara 软件每 8s 自动停止一次，确保将叙述文本切分为易于管理、易于记忆的区块。

第一步中会出现键入错误，也会忽略一些单词，但可在后续阶段修复这些错误。第二步是将第一步输入的单词与音频和视觉背景同步，具体方法是设置字幕在屏幕上的停留时间。在这一步，需要删除部分单词，缩短一些字幕的长度。冗余信息则直接跳过，改善最终的用户体验。字幕越短，阅读和理解也越容易。第三步是审校，在此期间可对质量做进一步检查。以下是 Amara 提供的

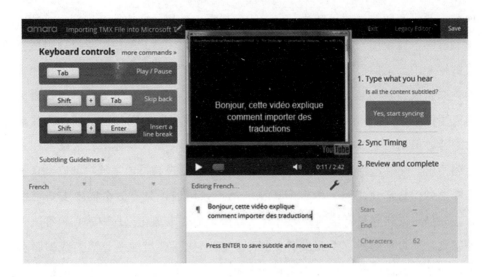

图 6.3 Amara 字幕环境

三个指南：

1）将重要声音放在括号［］中。

2）包括视频中出现的文字（标志等）。

3）最好是在句子或长短语末尾拆分字幕。

第一条指南适用于听力受损用户的字幕，第二条指南则非常重要，因为不重新拍摄视频就无法进行该文本的本地化。在标志不多时，虽然可以轻松地遵守第二条指南，但在教程上下文中录制用户界面时（截屏视频或屏播）难度会大大提高。要为用户点击的所有 GUI 标记添加字幕是不可能的，特别是当用户还在描述自己正在执行的操作时。在这种极端的情况下，最好以目标语 GUI 录制目标语版本的视频。第三条指南的目的是确保句子拆分恰当，提升最终的用户体验。但除非使用短句，否则实施本指南会导致屏幕上显示大量信息，令用户苦不堪言。从可理解性的角度来看，最好的方法似乎是不需要记住之前字幕的内容。配置独立字幕不仅有助于提高可理解性，还可以提高可译性，如下文所述。

2. 配音脚本本地化

在对配音脚本（或字幕）进行本地化时，遇到的翻译挑战之一是句子不完整。如果一个句子被拆分成两个（或三个）单独的字幕，则在不会引起可理解性问题的情况下难以（甚至无法）保留原来的目标语结构。对于词序与源语语言不同的语言，尤其如此。例如，当源语语言是英语而目标语是德语时，就会出现词序差异，特别是给定句子的主要动词的位置存在差异。在英语中动词应出现在句子前面，但翻译后必须将其放到德语句子末尾。如果德语读者必须等待 6s（相当于两帧字幕）才能在主语与句子动词之间建立联系，那么会因此而增加他们的认知负担。

像软件本地化一样，配音脚本的本地化也必须处理空间和时间限制条件。根据佩德森（Pedersen，2009）的观点，创建字幕时每秒字符数不应超过 12 个。这意味着翻译不能太过冗长，特别是当源语内容引用了许多源语文化时。在他的文章中，佩德森分析了许多用于处理单词或具有文化背景的短语的翻译策略。虽然这些短语在软件产品教程中出现的频率没有电影高，但如果视频作者想以亲身体验或吸引人的方式指导观众，那么还是会出现这些短语。在这种情况下，很少出现对于人或地方的引用，这会导致翻译在选词造句上的困难（很可能要进行广泛的搜索或研究）。佩德森提出了两种策略，将修改和人为干预降到最低程度。将修改降到最低程度会导致出现官方翻译或字面翻译，而人为干预需要增加额外的工作。如果想要说明人或地点，人为干预有时会引起增译。例如，给 Windows 程序的用户录制截屏视频或屏播时，会引用广受当地用户欢迎的 Linux 操作系统，详见 "The program I am going to show you is much better than its CentOS counterpart" 视频[①]。当进行配音脚本的本地化时，必须添加解释性的短语说明 CentOS 到底是什么（详见 "The program I am going to show you is much better than the program running on the CentOS Linux distribution" 视频）。如本例所示，这类翻译技术会导致文本变长，所以往往需要概括处理。为了形成更加简洁的描述，此类技术会导致原句的具体性消失，详见 "The program I am going to show you is much better than its Linux counterpart" 视频。最后一种人为干预是替代，一般在目标语言区域中没有相对应的概念时会出现这种情况。如果由于某些原因，CentOS 或 Linux 在目标语言区域中没有对应的表达法，那么最后的解决方法就是使用等效术语，详见 "The program I

---

① 该视频属于示例，读者可自行搜索观看，下同。——译者注

am going to show you is much better than its Mac OS counterpart" 视频。虽然这种权宜说法明显扭曲了原句的含义，但它避免了使用太过模糊的概念和术语，不会导致用户混淆。

本节重点介绍视频本地化方面的一些简单内容，其中将由多语言用户使用在线平台（如 Amara）提供（翻译的）字幕，通常是志愿服务。本节介绍的方法在内容创建框架上极受欢迎，如 TED 视频或大量在线开放课程（有热心学生为同龄人提供免费翻译）。[4] 不过，应当指出的是，志愿翻译之外也可以使用专业服务进行补充。例如，现在也可使用专业翻译服务（如 Gengo、Translated. net）翻译 YouTube 视频的字幕。[5] 本例显示，选择易于集成字幕的视频格式非常重要（无论这些字幕是视频的源语语言还是目标语言）。其他视频格式需要增加额外的步骤，如 Flash 文件就需要使用特别本地化指南。[6]

6.2　文本内容的适应性修改

当需要进行广泛的本地研究为源语中的单词或短语找到适当而自然的目标语单词或短语表达时，就会有文本适应性修改。而在某个区域进行文本适应性修改，就是搜索引擎优化（SEO）。这意味着要将发布者的内容与热门关键字匹配，以便用户能通过搜索引擎搜到这些内容。这种现象在 Web 内容中非常普遍，如电子商务网站使用的营销内容或支持网站使用的技术内容。使用这种技术并不是百分百准确，因为搜索引擎提供商会不时调整内容排名的方式。但是，它可以帮助发布者宣传自己的内容，否则用户可能无法找到这些翻译和发布的内容。之所以出现这种情况，是因为译员并不总是能猜到用户使用最多的是哪些术语或说法（或其变体），特别是如果这些术语形式包含拼写错误时。如上节所述，译员必须在翻译流程中作出艰难的选择，但是这些选择需要根据搜索使用情况进行编辑。如果很少关注翻译内容中的术语更换方式，那么这种方法会导致语言方面的挑战的出现。一些语言的形态非常丰富，一个给定的术语会有多种表达形式，如果只进行基本的字符串替换，就很可能出现问题。类似的，如果只替换长度较短的字符串，则会影响整个复合词的含义（如"killer feature"中虽然使用了"killer"一词，但其实使用的是完全不同的含义）。

搜索引擎优化需要使用特定细分市场中最流行的关键字。应用（或应用程序）商店也适用这种技术。查找和下载应用程序时，这些商店越来越受欢迎，因为人们可在其中使用关键字搜索和下载自己想要的应用程序。从本地化的角度来看，翻译这些关键字（因为通常缺乏上下文）往往不能令人满意。根据一项在线报告的说明，关键字的本地化经常需要进行详细的研究，而需要的研究工作会增加应用程序的下载量，从而实现真正的回报。[7]此类研究一般涉及以下三个方面：

1）查找用户搜索应用程序所用的一系列关键字和搜索词。

2）了解竞争对手的应用程序使用的关键字。

3）识别与小众应用程序匹配的最新热门搜索字词（如果没有竞争性的应用程序，当然更好）。

完成这些步骤后，在应用程序的描述中填入这些收集的字词，或者在应用程序存储库搜索引擎的任何索引字段中使用。从上述步骤中可以看出，这种活动在本质上与传统翻译方法截然不同，因此需要根据适应性修改对其进行分类。以下将讨论其他两种类型的文本适应性修改，即创译和个性化。

6.2.1 创译

1.3节已对创译进行了简要介绍。这个概念的挑战在于其含义有时会与翻译出现重叠。毕竟，适应性修改是翻译技术之一，译员可以通过这种技术将源语文本元素转换成目标语文本。例如，在翻译文本中，"价格应使用本地货币标出，而电话号码应体现国家相关规定"（DePalma，2002：67）。对此类元素进行适应性修改有很大的挑战，因为存在着针对特定地区的当地定价策略，所以更改货币符号并使用标准汇率进行转换恐怕还远远不够。通过添加前缀更改电话号码也是如此，因为德国的电话号码对于在使用阶段寻求日语技术支持的日本客户用处不大。至于是否可以找到等效的电话号码或地址，也可能并不总是那么简单，因为某些地区可能没有专门的本地支持团队，特别是在多个地区共享支持团队的情况下。显然，这类适应性修改应在源语内容的早期创建阶段就确定下来，以便采取具体的针对措施。例如，可以将具体的支持材料提供给译员，使之成为翻译指南的一部分，或者从翻译流程中完全去掉这类内容。所以，如果适应性修改已成为翻译流程的一部分，那么为什么还需要探讨诸如"创译"这样的新词？

在提供信息的文档（如用户指南）中，如果只是零星存在一些适应性修改问题，可以使用4.3节中介绍的标准翻译过程。不过，当整个文档中普遍存在适应性修改问题，并可能触发用户的种种反应时，就需要考虑另一种策略。此时，无需具体说明如何（如使用工具、指南和参考资料）进行内容翻译，而是全权委托译员以符合源语文本意旨的目标语重新创作文档的内容。例如，Mozilla 基金会针对面向大众的 Web 网站内容、广告系列和其他媒体宣传提供了如下适应性修改指南，"内容本地化不应该是字面翻译，相反，它应该去捕获并反映本来的含义和情感。所以，请随意将这些句子'掰开揉碎'，在完全理解和吸收后再用自己的母语将其英语意思表述出来，同时又不失 Mozilla 的风格"。[8]

雷和凯利（Ray & Kelly，2010：3）表示，"创译方面的典型项目很多，包括不是为了吸引其他市场客户而设计的 Web 广告系列、双关语类广告、只适用于某种语言或文化的幽默、针对同一市场不同消费群体销售的产品和服务"。显然，这是一种创意过程，比标准翻译需要的时间多，因为在目标语中找到可接受的措辞之前需要考虑多种语言变体。[9] 在这种情况下，翻译往往显得苍白无力，这也就是需要创译的原因。虽然翻译也在努力以某种方式重用源语文本的某些方面（如信息结构），但创译的目标更高，它寻求的是使目标语译文达到与源语文本或简介相同的宣传效果（如说服用户购买产品）。在这种情况下，源语的单词、短语、发音和结构已不再重要，重要的是如何利用目标语的文化规范和期望将源语的意思"原汁原味"地表达出来。

值得一提的是，正如 Adobe 本地化营销主管所提到的，使用创译会在成本和品牌保护方面带来一些挑战，"这里的挑战在于：如何在提供更多的区域灵活性、自由表达和使用各种工作效率工具（如翻译记忆库）之间找到平衡。如果我们想利用 TM 和其他工具为本地化节约成本（我们也确实是这样做的），那么虽然可在目标语内容方面提供一些灵活性，但有时并不会像这些区域所希望的那样多……对于 Adobe 品牌，我们非常注意保护；尽管各区域办事处在（以当地语言）策划一些他们的营销材料方面具有一定的灵活性，但 Adobe 的品牌团队通常需要确保各种材料必须遵循既定的国际品牌指南"[10]。有关各类文本（如营销或广告文档）处理技术的更详细讨论，请参阅托雷西（Torresi，2010）的相关论述。

6.2.2 个性化

另一种类型的文本适应性修改是个性化。个性化的实现方法很多，但只有其中一种与本次讨论相关。第一种方法的重点是根据特定属性将某个内容与其他内容关联起来。例如，可向以前使用过特定内容的用户推荐某些内容。这种个性化不需要考虑对当地知识的了解。

第二种个性化是本节的重点，它是一种适应性修改过程，旨在满足特定个体（甚至是一个个体）的期望或需求。可对此类个体进行分组，然后根据这些分组的特定特征指导内容的创作或个性化流程。[11]这种方法的优点在于它不受预定义特征（如用户所在的位置）的约束。虽然可以想当然地假设来自特定地区的用户会以类似的方式行事，但不要忘记其他因素也会发挥作用，如年龄或兴趣领域。例如，位于德国的用户（假如正在大学里学英语）会与同一年龄组的美国用户（而不是其他年龄组的其他德国人）有更多的共同之处。这意味着只以所在位置划分目标用户不是最优选择。内容发布者不应想当然地根据用户所在地理位置以当地语言显示相关内容（如如果发出 Web 请求的系统 IP 地址与德国有关，就显示德语），而应考虑用户的语言偏好。

Web 浏览器的语言偏好设置会捕获这些偏好，并通常会将其发送到 "Accept-Language" HTTP 头中的 Web 服务器。[12]在默认情况下，该值应与 Web 浏览器的安装语言相匹配，但如果用户希望发送到自己偏好的或可以处理其他语言内容的 Web 服务器，也可以添加其他语言，如图 6.4 所示。[13,14]图 6.4 中带勾号的例子显示，指定语言变体的首选方式是指示一个通用的回退值（如代表法语 French 的 fr），以防瑞士法语变体（fr-ch）没有资源。在带有叉号的示例中，回退值是 de（代表德语）。

正如德帕尔马（DePalma，2002：71）指出的，"每个消费者和每个公司买家都受一系列复杂的心理动机推动，这些动机决定了他（或他们）对于营销信息、品牌或在线销售过程的反应。"软件应用程序一直在为用户提供各种

图 6.4　语言偏好

方式自定义界面的外观和感觉，以便执行各种任务。例如，用户可以随时更改应用程序的配色方案、字体大小或菜单位置，以提高效率，或只是为了打发时间。就文本和翻译而言，用户界面字符串或文档显示方面的个性化例子比较有限。例如，目前还不太会出现让用户更改应用程序的情况，如根据自己的偏好将"Folder"菜单项重命名为"Directory"。但营销专家也已意识到（潜在）客户对细小的术语修改非常敏感。使用如 A/B 测试（和工具）之类的技术就可以判断：如果使用特定的术语描述产品，用户是否更有可能做出购买决定（Kohavi et al.，2009）。[15,16] 由于现在的数据越来越多地是通过在线收集的，可以用户为基础"描出"用户配置文件，并对消息进行个性化处理。从翻译的角度来看，这会带来一个有趣的挑战，因为译员经常（如果并非总是）必须根据他们想象的目标用户的样子挑选术语。对于大多数用户，虽然也可以接受这样的选择，但这种做法有时会疏远其他用户群体。在技术领域中，经常会看到借用英语中的技术术语，而不是直接翻译过来。虽然这会吸引一些（较为年轻的）用户，但也会给其他用户带来不好的印象。在翻译流程中，选择其实大可不必如此艰难，只需在翻译期间进行初步的选择即可，因为还可让用户在具体显示时进行取舍。就 Web 的内容而言，使用"span"元素标记特定的短语术语就可以实现这一点，然后用户可将其替换成自己挑选的内容。[17] 在内容出版界，这种替换技术的使用目前还不是主流，但在未来几年会变得普遍。

6.3 功能适应性修改

有时，为满足目标市场的期望而对应用程序进行的修改超出基础应用程序提供的标准功能，即使这个应用程序已完成国际化且达到该应用程序的编程语言或框架所能提供的程度。这些修改可分为三大类，即针对当地法规、本地服务和核心功能进行的修改。

6.3.1 法规合规性

如 1.1.3 节所述，当应用程序（或 Web 服务）必须满足特定的法律或法规要求（如税收制度）时，有时需要进行合规性方面的本地化。为了应对这一挑战，柯林斯和帕尔（Collins & Pahl，2013）建议使用基于标准的映射实现不同区域的法律、标准和法规的合规性。这些挑战并不是新生事物，因为基于桌面的应用程序过去就必须依赖于这种映射。不过，Web 服务本质上则极为不同，因为理论上任何用户可从任何地理位置使用这些服务。对此，笔者的建议是设立一个中介系统（称为"中介者"），它确保用户（或系统）提交的请求会收到回答，且格式（如适当的货币、增值税率等）适当。例如，一位法国用户希望使用位于中国的电子商务网站订购产品，该电子商务网站就必须考虑某些用户特征（如购买交易期间用于显示价格的首选货币、为符合法国或欧盟法规而必须加到原始价格中的税，以及为符合法国法律规定而必须提供的产品文件翻译）。有了预定义映射的出现，尽可能快地自动处理监管适应性修改才成为可能（如果用户区域设置为"fr-FR"，那么必须在交易中使用以下服务）。令人遗憾的是，目前还不存在这样的映射中心存储库，所以 Web 服务提供商可以轻松地忽略或规避当地法规。

6.3.2 服务

与 Web 服务连接的应用程序越来越多（无论是 Web、移动或桌面应用程序），以为用户提供应用程序本身无法提供的功能。例如，在没有连接网络的情况下，目前还无法在移动设备上访问常用的搜索引擎。执行标准 Web 搜索所需的计算能力远远超出了大多数现代移动设备的能力。软件发布者也可以非常方便地通过 Web 服务的形式提供某些软件功能，而不是将它们打包在独立的应用程序中。即使以封闭的专有格式发布这些独立应用程序，也总是可以通过逆向工程访问它们的源代码。因此，以 Web 服务提供关键功能可让软件发布者保障代码的安全。

　　这方面服务的例子为数众多，包括天气预报、新闻信息、股票市场价格、文本或语音翻译、信息搜索结果等。某些 Web 服务明显比其他服务更受欢迎，具体取决于提供这些服务的区域。根据一份在线报告，虽然全球大多数用户使用的是 Google 搜索引擎，但大多数中国用户使用的却是百度搜索引擎，而大多数俄罗斯用户则依靠 Yandex 搜索引擎。[18] 所以，要让应用程序在任何给定的地区都取得预期的效果，就必须考虑这些当地偏好。例如，如果应用程序（如文字处理应用程序或参考文献管理应用程序）可让用户使用特定的搜索引擎服务执行搜索，则必须对该功能进行适应性修改，使之支持其他搜索引擎服务，或将现有的服务替换为本地服务。有些在线服务（如 eBay 或 Google 新闻）在其他语言区域中可能不那么受欢迎（甚至尚未提供），因此需要通过适应性修改对特定语言区域的服务列表进行定制。这种适应性修改工作属于劳动密集型工作，特别是在这些服务无需依赖行业标准就可以接收和响应请求的情况下。对于负责适应性修改的开发人员，如果没有使用他们的语言记录服务，那么这项工作还会变得更加复杂。例如，苹果在 2012 年提供了其 OS X 操作系统的一个版本。这个复杂的软件专门针对中国市场进行了适应性修改，所以用户可以在 Web 浏览器中选择百度搜索，设置 QQ、126. com 和 163. com 联系人、邮件和日历，或将视频上传到优酷和土豆网站。[19]

　　另一个例子则与本地支付方式有关。虽然有些信用卡品牌在许多国家非常受欢迎，但也存在其他支付方式。如果不支持流行的支付方式，就会使用户感到沮丧，从而丢失客户。例如，移动游戏《部落冲突》（"Clash of Clans"）的中国用户就遇到了问题，因为这个游戏使用的支付方式在中国不被支持。[20] 因此，对于全球企业，支持本地支付提供商（如巴西的 allpago 或中国的支付宝）现已形成一种习惯做法。[21,22]

6.3.3　核心功能

　　任何以文本形式处理语言（搜索、句段、排序、语言检查、翻译、分类、汇总）的应用程序都需要对核心功能进行适应性修改。例如，文字处理应用程序一般应为用户提供拼写检查、语法检查和样式检查功能。对此类应用程序的界面进行翻译会给用户带来极大的便利；如果其中提供了以流行输入法（如中文拼音）输入任何给定语言文本的功能，也会如此。但是，如果关键功能未针对给定的语言区域进行适应性修改，那么这个应用程序的价值就会降低。因此，像 Microsoft Office 这样的应用程序提供了多个拼写检查引擎。它们还通过语法检查程序、词典、连字选项和双语翻译字典为国际用户提供了相当大的帮助（International，2003：417）。同样，如果垃圾邮件分类技术要使用基于文本处理的功能进行工程处理（如提取关键词），那么可能也需要对垃圾邮件过滤应用程序的核心功能进行适应性修改。由于词的概念并不总是清楚的（更不用说关键字），所以具体的适应性修改工作应确保所有语言垃圾邮件的检测结果是一致的。但是，在编程语言的标准库中，通常缺乏优质的语言资源（如单词表、词典或工具）。很多时候，有些具体的库无法提供一致的语言覆盖范围（如当 Natural Language Tool Kit 对某些语料库和训练模型提供内置支持时，这些资源大多数都是针对英语的）。[23] 在基于适应性修改的本地化工作流中，这意味着数据采集和资源创建是一个必不可少的步骤。例如，META-NET 发表了许多白皮书，其中描述了一些语言处理领域（如机器翻译、语音处理、文本分析、语音和文本资源）的欧洲语言成熟度和支持水平。[24] 有趣的是，除了英语以外，没有任何其他一种语言获得良好程度的支持。在上述四个方面，法语和西班牙语获得了中等程度的支持。这种分类表明，开发真正的多语应用程序是一项十分具有挑战性的任务，需要大量投资。这也意味着在默认情况下，大多数应用程序（特别是其第一版本）并不广泛支持各种语言。例如，MongoDB 是一种备受欢迎的新的开源数据库技术，最近才宣布支持多种语言的文本搜索。所有这些语言都是欧洲语言，这意味着亚洲用户目前还不能从中受益。[25] 这是因为亚洲语言需要使用特定的工具执行诸如分词之类的基本任务，而大多数同时支持欧洲和亚洲语言且功能可靠的工具（或库）往往是商用解决方案。[26,27]

　　无论是使用规则、统计还是机器学习处理文本，应用程序都可能需要对功能进行适应性修改。例如，LanguageTool 是一个基于规则的应用程序，它使用的是字典和针对特定语言的工具（如句子拆分器、分词器和词性标记器）。虽然对于一些语言这些工具大多数已商用化，但它们的准确性仍然是针对特定语言的，因此需要针对特定区域进行测试，确保在各种语言上取得一致的性能。本节最后值得一提的是，这种语言挑战不仅限于文本，因为基于语音的应用程序（随着免提、基于语音沟通方法的出现而变得越来越受欢迎）必须能处理用户使用的主要语言。在处理各种应用程序（如 YouTube 创译、桌面版语音搜索或 Android 语音操作）时，Google 经历了其中一些挑战，并提出了相关解决方案。[28]

6.4　位置适应性修改

本节重点介绍为最终用户（甚至其他系统）提供翻译内容、应用程序或服务所需的物理基础架构的位置。虽然乍看之下这个主题与译员的关系似乎不大，但如果译员的翻译最终要供用户使用，那么本主题也极为重要。本节的讨论仅限于从较高的层面上概括介绍与该主题相关的一些挑战和可能的机遇。

"基础架构"一词是指为用户提供内容或功能而使用的物理服务器，这些用户可能是个人或其控制的服务。就 Web 应用程序而言，内容和功能通常由 Web 服务器提供，而 Web 服务器是在物理或虚拟系统上执行的软件。即使在使用虚拟系统的情况下，仍然需要物理服务器，这意味着源设备（发出请求）和目标服务器（响应请求）之间始终存在着一些"跃点"（Hop）。[29]显然，源和目标之间的跃点越多，延迟（即系统经历的延时）越高。从最终用户的角度来看，如果请求内容所需的时间很长，就会引发沮丧情绪。

为了解决这个问题，一些服务提供商已经采取了新的方式为本地化内容服务，即在世界各地设置多台服务器，而不是依靠一个物理位置的主服务器为多个区域提供服务。然后，分析每个内容请求，确定使用哪台服务器可以取得最佳效果。这个系统称为内容传送网络或内容交付网络（CDN）。使用此类系统的另外一个优势是可用性高（如果一个服务器出现问题，则可以使用另一个提供内容服务，从而消除故障时间或将其降到最低程度）。这种方法已广为本地化提供商所采用，如 Smartling 的"Global Delivery Network"或"Reverso

Localize"，它们利用这种方法规避使用与单一主控型多语内容管理系统紧密联系的传统工作流程。[30,31]这种新方法既要依赖文字层面的本地化（如4.2.8节所述），也要依赖本地服务器发布本地化内容。对于静态内容（也就是极少或不需要服务器端验证的内容），此类方法非常有效，因为（从地理角度来看）显示给用户的内容是由当地服务器提供的。这种做法也有利于避免主系统中可能出现的潜在国际化问题。根据最佳国际化做法建议，如国际博士（International，2003：409）所述，应使用"Unicode 数据类型"的数据库。在面向某个语言区域开发基于数据库的应用程序时，如果没有遵循这种做法，那么要针对其他语言区域提供支持而进行更改会非常困难（且代价很高）。这种修改可能需要选择新的编码，导致存储成本增加。使用全球传送网络方法可以缓解这一挑战，因为在创建包含本地化内容的系统时，不需要修改原始系统。显然，这种方法需要放弃对处理目标语内容的组织的一些控制，以便对其优、缺点进行仔细分析。

越来越多的服务提供商开始使用分布式基础架构或全独立基础架构的方法，承认源设备和目标服务器之间的距离不是增加延迟的唯一因素。用于将请求传递至服务器的系统可执行多个数据检查，这会减慢信息交换的速度。例如，Evernote 决定在中国建立一个专门的平台，不仅是为了从语言的角度提供本地化的体验，而且是为了避开中国的"长城防火墙"。[32]在这个基础架构变更的过程中，这家公司决定给这个本地化的平台取一个不同的名字——"印象笔记"，这表明品牌的真正价值不一定体现在措辞中，也体现在提供的用户体验中。在一篇博文中，该公司解释了为什么决定在中国设立单独的服务，与中国合作伙伴合作并采用中国的支付方式以满足中国网络用户的期望，并在中国提供中文客户支持。[33]调整应用程序基础架构的位置还有另一个好处，就是遵守当地的法律法规。如1.1.3节所述，一些国家对与数据相关的框架进行了严格的法律规定，因此确保应用程序的数据生成和处理不违法是一个关键问题。

如果要为大量内容（如带有文本、多个图形和嵌入视频文件的 Web 页面）提供服务，那么上述延迟问题会更加突出。在世界上的某些地区，2014 年的情况与扬克（Yunker，2003：295）描述的有很大的不同，因为在 2003 年，

"即使是美国也只有 10% 的家庭有高速连接"。因此，那个时候的最佳做法是删除不必要的图形或功能，确保 Web 页面大小保持平均水平（即 89 kB）。就家庭互联网连接而言，尽管情况大为改善，但是用户越来越多地使用移动连接来访问内容，因此速度却变慢了。未来几年的情况有可能发生变化，或许 5G 技术的出现可以提供一些助力，因为它比 4G 技术快 1000 倍。[34] 目前，内容发布者（如游戏发布者）必须记住，应用程序的大小很重要（因为购买阶段的用户需要下载应用程序），而在后续使用阶段（如广告或分析）与外部服务进行的信息交换会影响用户体验。

6.5　结论

本章介绍了多个主题，对于以翻译为日常工作的译员，这些可能不是他们关注的主要问题。不过，对于那些希望通过提供额外客户服务实现活动多样化的译员，如创译之类的概念就具有非常高的相关性。本章涉及的所有主题对全球化项目经理也大有裨益，因为在研究以翻译为中心的传统本地化流程之前，他们必须考虑与本章各种主题（如文化和位置）相关的重要业务决策。值得再次强调的是，翻译行为只有在满足特定需要时才有意义。从生成内容的角度来看，无论这种需求是与说服客户购买应用程序或服务的本地内容有关，还是与协助客户的支持内容有关，参与翻译流程的人员应始终优先考虑目标内容消费者的各种期望。本章希望说明的是，在特定的情况下翻译不足以满足目标客户的期望，通常需要进行各种级别的适应性修改（无论是在优化级别还是在功能级别），才能真正实现应用程序的本地化，以便与特定领域的当地应用程序竞争。下节提供了与本章介绍和讨论的主题相关的两个任务。

6.6　任务

本节提出两个任务，涉及创译和功能适应性修改主题。

6.6.1　了解创译

在这项任务中，用户应该以自己擅长的语言（但不要使用母语）识别在线营销内容。例如，可在跨国公司的网站或本土公司的网站上寻找营销内容。

在理想情况下，这些营销内容应该包含除了文本之外的元素（如图像或视频）。用户应该花一些时间试着分析该内容，确定内容创作者的原本意图，特别是试着发现所引用的文化，并列出作者想要引发的情感。在确定了上述内容的主要目标和风格后，想着应该如何将这些以自己的母语表达出来。你认为应该保留格式吗？例如，如果使用了视频，你认为在自己的目标语中视频也会有效，还是使用其他格式更为合适？如图像或一段文字。在确定了最合适的格式后，拟好叙述文字，以实现与源语文本相同的效果。营销内容的"保鲜期"很短，因此尾注中提供的链接会过期。哪怕几分钟的在线研究也会找到一些有意向的候选人。[35]

6.6.2 功能适应性修改

这个任务的目标是在已考虑支持其他语言的情况下，找出需要对其功能进行适应性修改的多语应用程序的组件。任务开始前，先应识别执行语言处理的开源应用程序（如语言检查程序或机器翻译系统）。[36,37] 在理想情况下，这个应用程序应配有语言支持列表和面向开发人员的指南。根据提供的信息，用户能否确定自己的语言已得到支持？如果只是部分支持，是否提供了充分的相关说明，指导默认应用程序的扩展工作？如果目前尚不支持，在用户看来，是否有可能在该应用程序的当前架构中对其提供支持？为了回答这些问题，请寻找一些支持用户语言的本地应用程序，并尝试识别那些所需的组件。

注释

[1] 参见 http://thenextweb. com/insider/2013/03/23/how – we – tripled – our – user – base – by – getting – localization – right/。

[2] 参见 http://www. amara. org。

[3] 参见 http://pculture. org。

[4] 参见 http://www. ted. com/pages/translation_quick_start。

[5] 参见 http://youtubecreator. blogspot. fr/2013/02/get – your – youtube – video – captions. html。

[6] 参见 https://blogs. adobe. com/globalization/adobe – flash – guidelines/。

[7] 参见 http://makeappmag. com/iphone – app – localization – keywords/。

[8] 参见 https://www. mozilla. org/en – US/styleguide/communications/translation/。

［9］因为需要更多的时间，所以这个活动可能是按小时而不是单词付费，参见 http://www. smartling. com/blog/2014/07/21/six - ways - transcreation - differs - translation/。

［10］参见 http://blogs. adobe. com/globalization/marketing - localization - at - adobe - what - works - whats - challenging/。

［11］参见 http://thecontentwrangler. com/2011/08/23/personas - in - user - experience/。

［12］参见 http://www. w3. org/International/questions/qa - lang - priorities。

［13］参见 http://www. w3. org/International/questions/images/fr - lang - settings - ok. png。Copyright © ［2012 - 08 - 20］万维网联盟（马萨诸塞理工学院、欧洲研究学院信息与数学联合会、庆应大学、北京航空航天大学）。保留所有权利。参见 http://www. w3. org/Consortium/Legal/2002/copyright - documents - 20021231。

［14］版权所有 © ［2012 - 08 - 20］万维网联盟（马萨诸塞理工学院、欧洲研究学院信息与数学联合会、庆应大学、北京航空航天大学）。保留所有权利。参见 http://www. w3. org/Consortium/Legal/2002/copyright - documents - 20021231。

［15］参见 https://developer. amazon. com/appsandservices/apis/manage/ab - testing。

［16］参见 https://www. optimizely. com。

［17］参见 http://www. w3. org/TR/html5/text - level - semantics. html#the - span - element。

［18］参见 http://returnonnow. com/internet - marketing - resources/2013 - search - engine - market - share - by - country/。

［19］参见 http://support. apple. com/kb/ht5380。

［20］参见 http://techcrunch. com/2013/12/07/gamelocalizationchina/。

［21］参见 http://www. allpago. com/。

［22］参见 http://www. techinasia. com/evernote - china - alipay/。

［23］参见 http://www. nltk. org/nltk_data/。

［24］参见 http://www. meta - net. eu/whitepapers/key - results - and - cross - language - comparison。

［25］参见 http://docs. mongodb. org/manual/reference/text - search - languages#text - search - languages。

［26］参见 http://www. basistech. com/text - analytics/rosette/base - linguistics/。

［27］参见 http://www. oracle. com/us/technologies/embedded/025613. htm。

［28］参见 http://www. clsp. jhu. edu/user_uploads/seminars/Seminar_Pedro. pdf。

［29］参见 http://en. wikipedia. org/wiki/Hop_（networking）。

［30］ 参见 http://www. smartling. com/translation – software – solutions。

［31］ 参见 http://localize. reverso. net/Default. aspx? lang = en。

［32］ 参见 http://techcrunch. com/2013/05/07/evernote – launches – yinxiang – biji – business – taking – its – premium – business – service – to – china/。

［33］ 参见 http://blog. evernote. com/blog/2012/05/09/evernote – launches – separate – chinese – service/。

［34］ 参见 http://mashable. com/2014/01/26/south – korea – 5g/。

［35］ 参见 http://bit. ly/ms – xp – support – end。

［36］ 参见 https://languagetool. org/languages/。

［37］ 参见 http://wiki. apertium. org/wiki/List_of_language_pairs。

7 结论

全球软件行业（包括本地化行业）正在经历许多变化，这与 21 世纪初期（甚至 2010 年左右）的变化非常不同。其中一些变化（如连续本地化）非常具有颠覆性，并对译员和本地人的日常工作带来了深远的影响。在本章中，将根据当前和未来趋势（如移动和云计算）对第 2~6 章讨论的主题进行一个简要的回顾，并尽可能地探讨一下其他研究机会。本章第二部分会将更多的笔墨放在未来，并简要讨论全球应用程序发布者未来几年会面临的一些新方向，以了解其对全球翻译人员的影响。

7.1 编程

第 2 章介绍了基本的编程概念，其原因有两个：一是向本地化人员介绍关键的软件开发概念（方便他们了解更多本地化流程技术方面的内容）；二是给面向技术的本地化人员介绍一些可提高效率的编程和文本处理技术。

软件开发实践越来越多地向持续提交的模式转移。定期版本更新越来越多地被一系列增量更新或颠覆性更新所取代。就最终用户而言，产品版本号并不重要，对他们来说最重要的是应用程序所提供的功能。版本号不太可能完全消失，因为它们有助于发现用户为什么会遇到某些问题。不过，软件发布者越来越多地将更新的发布与使用数据协调起来。对于托管或基于云的应用程序尤其如此，因为应用程序或服务提供商能在实时条件下测试更新对一小部分特定用户群的影响。如果测试结果是否定的，则可以推迟甚至放弃对整个用户群的更新。

就行业趋势而言，移动和云计算不仅影响着 IT 行业，而且影响着全球大部分人口的生活。世界上移动设备的使用量已达到前所未有的高度，而且这种增长在短时间内不太可能会停下来。目前，主导移动市场的平台是 Android 和 iOS，但由于微软收购了诺基亚，Windows Phone 操作系统也很可能挑战这两个平台。其他开源平台（如 Firefox 操作系统和 Ubuntu）也会日益普及，特别是在新兴市场。从译员的角度来看，平台的增加只会带来积极的影响。多个平台的存在本身就意味着需要对资源进行本地化。显然，这些平台可以共享本地化资源，如 Unicode Common Locale Data Repository 提供的资源。[1] 但是其他资源（如界面字符串或帮助内容）则必须本地化。云计算是另一个影响 IT 行业和语言服务行业的趋势。以前由本地服务器执行的操作现在可以使用可扩展的在线基础架构更轻松地完成。不过，虽然大家都可以感受到完成计算任务的便利性，但也必须考虑一些隐私和安全方面的风险，而后者仍是基于云的服务的特征。一些实体仍然不愿意完全信任这些服务，而且频繁出现的数据泄露或监控丑闻加剧了这种不信任。监控丑闻实际上会对本地化行业产生深远的负面影响，因为各国政府、公司或个人可能出于信任的原因倾向于支持本地提供商，而不是依赖提供本地化服务的全球供应商。[2]

就 Python 编程语言的未来而言，关于版本 2 和版本 3 的争论必将持续一段时间。本书 1.5 节介绍的版本 2 的相关内容代表了 Python 社区的观点，他们坚持版本 3（特别是其对 Unicode 的支持）并不像以前提出的那样理想。[3] 无论如何，对于 2.x 版本系列 Python 的支持已经延长到 2020 年。对于 Python 社区，这既是好消息，又是坏消息。一方面，它为库开发人员或代码维护人员提供了更多的时间，以便将代码库移植到新版本。另一方面，它逐渐将社区划分成两大阵营，可能导致两方互不相容。就新手程序员而言，应接受这种局面，但不必将其视为妨碍使用这种语言的因素。正是由于各种在线服务的存在（详见第 2 章介绍，或参阅 Wakari. IO 或 nbviewer 网站），才能如此简单地以探索和协作的方式启动语言之旅，门槛也从来没有如此低过。[4,5] 即使学习编程语言的目标不一定是与经验丰富的编程人员竞争，也必须强调一下，不必依靠开发人员就可以使用编程语言自动执行各种任务、获得很大的优势。

7.2 国际化

第 3 章重点介绍了国际化概念。其主要侧重点是为提高下游流程（如翻译或适应性修改）的效率而进行内容国际化的方式。具体地，是从（技术）内容创作的角度以审视的方式介绍了全球写作指南，并特别强调了用户界面字符串在源代码中的处理方式，这样就可以在多语应用程序中轻松地进行提取和本地化。在第 6 章关于功能适应性修改的讨论中，还强调了使用成熟框架和库的优点，以便利用（可从文本、语言甚至图形的角度）处理多种语言输入内容和格式的功能。虽然可能会有人质疑成熟的国际化框架和库的存在（如第 3 章介绍的 Django 框架），但令人遗憾的是，大多数编程语言在默认情况下并未启用国际化功能。例如，Python 编程语言可让开发人员声明字符串变量，而不必进行明示的标记（以便使用"gettext"机制进行提取）。类似地，Java 编程语言不会强制开发人员默认使用属性文件和资源包。由于使用这些机制需要进行额外的键入（否则需要额外的开销），所以很容易理解为什么首次开发应用程序时经常会被忽略。当应用程序源自研究原型时尤其如此，而这些原型通常是以快速和非结构化的方式开发的，不会保证可转变为成功的全球解决方案。简而言之，对于正在编写源代码的人，使用这种机制可实现的好处常常不够明确。如果强制使用这种机制，并将其列入需求清单，情况显然会完全不同。在通常情况下，产品的第一个版本中不会包含这种要求，主要有以下两大原因：

1）在考虑进入其他目标市场前，最好先看看该应用程序能否在某一个目标市场取得成功，因此只使用一种语言也合情合理。

2）如果应用程序一夜之间取得成功，最好每隔一段时间就支持一种语言，不断添加语言版本，通过语言接力的形式让成功不断延续。

语言接力式的成功似乎违反直觉，但快速全面铺开可能会导致不必要的后果。第一，支持服务的基础架构可能无法容纳成千上万或数百万的用户，因此最好通过不支持某些语言的方式限制访问。第二，一个公司如果必须向股东或风险投资人证明业务增长有充分合理的理由，也更愿意随着时间的推移分发不同的语言版本，不断吸引注册或下载量。显然，这两个原因并不意味着必须忽略国际化技术。一般情况下，在谨慎的全球规划流程中，可能会授权使用这些技术，并将本地化活动推迟到稍后的阶段。不过，当服务全球用户这一要求与其他同等重要的要求（如改进用户体验、基础架构的稳定性、应用程序或服务的安全性）出现冲突时，就很容易忽略这些技术。

据笔者所知，没有哪种编程语言的设计考虑了默认使用国际化原则，但将来这种情况会发生变化。设计此类语言极具挑战性，因为其功能会受到执行环境（如操作系统）的限制。但是，它的前景要乐观得多，因为不必为了满足国际化要求而让许多（甚至是流行的）编程语言受到影响。JavaScript 就是这方面一个很好的例子，由于传统浏览器存在的各种问题、缺乏明确的规范和大量需要推倒重来的工具和实用程序，其国际化成熟程度非常低。从多个角度来看，这种情况都是问题重重的。第一，它会妨碍开发人员默认提供国际化支持，因为处理好复杂的规范和库是一项非常艰巨的任务。第二，这会导致出现这样一种局面，即开发人员可以更轻易地提出自己的计划，从而进一步恶化已十分糟糕的现状。即使统一全球编程语言的可能性不会成为现实，但开发一种资源存储库为每种编程语言提供最佳国际化做法的建议也是极有价值的。虽然 W3C 联盟的工作组专注于与 Web 技术有关的国际化相关主题，但其工作主要限于标记语言（如 HTML 和 XML），因此就编程语言而言，似乎还有不小的差距。Unicode 联盟的目标是让世界各地的人都能以任何语言使用计算机，因此也可在国际化方面发挥作用。

从研究的角度来看，依然存在一些与国际化有关的问题。虽然扫描源代码检测其中未标记的字符串，既易于理解，也获得了多个工具的支持，但是使用现有的或新的功能检测国际化问题可能没有那么简单。例如，开发人员在编写全球旅游预订应用程序时，会使用处理用户输入的功能。例如，正则化函数可自动纠正用户在搜索目的地时出现的拼写错误。从国际化的角度来看，当开发人员以针对特定语言区域的方式编写代码时，是否应该进行提醒？（如果是的话，如何提醒？）有人认为，这类工作是质量保证的范围，但如果在开发过程中考虑了这些问题，就能保证整体的效率。

7.3　本地化

第 4 章侧重介绍了基于语言的本地化流程，主要涉及的是应用程序用户界面及其相关文档内容中的文本。这些流程分为两类。第一类与按序执行的工作流程有关，主要内容是提取字符串进行翻译，然后将其合并到构建目标语或多语应用程序所需的资源中。第二类是使用更直观的方法，在上下文中进行翻译。虽然第二种方法目前仅限于桌面或基于 Web 的应用程序，但很可能会受到欢迎，特别是将来可使用这类方式处理移动应用程序的本地化（即利用模拟器复制移动应用程序在 Web 浏览器中的行为）。云服务的增加显然也有利于第二种方法，因为现在几秒钟（而不是几周或几天）就可以设置好测试或过渡环境，让译员在上下文中进行翻译。

7.4　翻译

第 5 章讨论了多种翻译技术，因为这些技术可以提高译员的效率。人们对于翻译交付时间的期望总是越来越高，这并不意外，因为翻译的及时性会大大促进它的实用性。显然，要考虑质量等其他因素，这就是为什么使用机器翻译技术往往要与译后编辑过程相结合，因为这样可让翻译人员对译文进行验证或编辑。此类任务与翻译任务在本质上显然是不同的，其目的是创建不严格遵循源语文本结构的目标语文本。虽然机器翻译的最新进展使其无处不在（特别是在用户不愿意为任何直接人为干预付费的情况下），但对于信息的准确性至关重要的情形，仍需安排人员进行质量验证。因此，最近的研究工作重点是调查如下两个问题：①是否可以识别出需要编辑的文档部分；②是否可以确定编辑所需的工作量比从头翻译还多。近年来，机器翻译质量评估取得了进展（Soricut et al.，2012；Rubino et al.，2013）。不过，需要更多的工作来提高系统的准确性，特别是第二项任务。如果不依赖外部特征（如译后编辑人员的领域知识、译后编辑人员对于译后编辑的熟悉和热情、译后编辑人员对于完成任务的熟悉程度），似乎很难单纯依赖文本或系统的相关功能来确定所需的工作量。最终，人们会说，对于预测系统视为质量不达标的句段，翻译者将决定是进行译后编辑，还是从零开始重新翻译。答案其实无关紧要。但如果译员在这项任务上花费的时间没有得到公平合理的报酬，那么这件事情就重要了。译后编辑的报酬确实是一个备受争议的话题，因为基于字数和翻译记忆库匹配的传统模式无法为其提供有力的支持。因此，很难按一个单词多少钱的方式为译后编辑服务确定一个固定的价格。[6]目前来看，按任务所花的时间以每小时的价格进行计费似乎更为恰当。显然，记录时间并不是没有缺陷（如喝咖啡休息或回复新任务电子邮件的时间该算谁的），但是一些译后编辑系统（如 ACCEPT 系统）能够跟踪在给定的句段上花费了多少时间（Roturier et al.，2013）。译后编辑的另一个方面是进行译后编辑工作的环境，未来几年可能需要对此做进一步的调查研究。多年来，传统的翻译环境一直是基于桌面的，近年来由于网络速度的提高，受到了基于 Web 的环境的挑战。但是，现在的翻译人员非常青睐基于移动的环境，认为它才是替代成熟环境的解决方案。例如，已通过几个用户测试了专门针对移动环境设计的第一个译后编辑应用程序版本（即 Kanjingo），并获得了积极的反馈（尽管也提到了众多改进之处，如重复利用功能、自动完成功能和同义词功能）（O'Brien et al.，2014）。

7.5 适应性修改

适应性修改是一个非常通用的词，涵盖开发多语应用程序（或将现有的应用程序改造为多语应用程序）所需的许多不同的活动。作为一种活动，创译的出现并不奇怪，因为全球和本地公司之间的竞争从未如此激烈。尽管一些公司过去（仅因为竞争很少或没有竞争）已放弃了以原文为中心进行翻译的做法，而现在为了取得成功，必须使用面向当地目标用户或个性化的消息。就视频内容而言，提供上下文字幕已十分成熟。下一个挑战是研究上下文配音的可行性，因为这种沟通模式可能会在某些地区受到青睐。第 6 章提到过，适应性修改并不局限于特定应用程序或服务的营销内容。一些资源是应用程序功能的核心内容，有时候必须进行适应性修改才能真正满足（甚至超出）全球用户的需求和期望。是否应将功能的适应性修改视为本地化活动（如本书所述）或国际化活动的范畴依然悬而未决。对于最终用户，重要的是他们购买后安装的应用程序能与其运行环境协调一致。但目前各种本地化专著主要集中在本地化流程的文本方面，而不是其功能方面，这一点非常令人惊讶。因此，需要进行更多的研究，了解全球应用程序与本机应用程序在表现方面的区别。既可以从竞争对手应用程序的功能开始寻找两者可能存在的重叠部分和差距，也可以考虑通过全面的功能评估发现系统或应用程序性能的明显不同之处。由于许多系统现在都是通过 API 提供这些功能，所以甚至可以半自动地进行这种比较性的评估。[7]

7.6　新方向

在本书末尾，介绍一些本地化行业未来 5～10 年内可能出现的颠覆性趋势。作为其中的两个趋势，实时本地化和非文本本地化已在前几章进行了大概介绍，并将在接下来的两节中重新讨论。

7.6.1　迈向实时文本本地化

实时翻译一直是机器翻译开发人员的目标之一。这是因为有时在特定的情况下需要进行翻译，而当那一刻过去后翻译需求也随之消失。例如，全球各地餐馆的菜单使用的一般都是当地的主要语言，可能会与旅行者的语言不同。在过去几年中，市场上出现了许多应用程序（如移动版 Google Translate 应用程序），可让用户以手动输入文字或拍摄单词的方式获得实时翻译。[8]虽然这些应用程序在某些情况下会非常有用，但在信息准确性至关重要的情况下，它们提供的质量仍然是一个问题。因此，完全可以设想这些应用程序将来会有进一步的发展，能在生成翻译的同时由合格的、相关领域的专家译员进行验证和检查。这类服务类似于通过电话提供的即时口译服务。这种应用场景不限于移动应用程序，还会扩展到网络上存在的任何类型的内容。为了拥有一个真正多语言的网络，用户必须能够使用自己熟悉的语言来查找内容并进行交互。在理想的世界中，应依靠传统的翻译工作流以任何语言提供所有的内容，且翻译质量达到可接受的水平。仅从在线提供的内容量来看，要实现这个目标几乎是不切实际的想法。比较实际的做法是，安排大规模的人类译员（或群体）检查和验证自动系统生成的翻译。例如，自从伯恩斯坦等（Bernstein et al.，2010）

发现众包工人能检测到标准检查程序无法发现的拼写错误和语法错误以后，这种基于众包的概念在文字处理领域得到了研究，并取得了不同程度的成功。显然，众包工人完成的工作会有很大差异，因此需要组织具备所需技能的人员。因为越来越多的翻译是由在线服务提供的，而这些在线服务也可以通过 API 调用提供人类翻译或译后编辑，所以，在不久的将来可以设想会实现上述应用场景。但是，采用这种方法的挑战之一就是预测翻译文档或者应用程序的哪些部分会给最终用户造成理解问题。5.7.5 节介绍的质量评估工作可能会对这一领域有所帮助。人们还可以设想依靠直观线索：①推断特定用户的特征［如他们是否能够执行某些特定任务，如托克等（Toker et al. ，2013）所述］；②检测用户是否真的遇到了难以理解的翻译句段。就第二点而言，使用获取的译文注视时间数据似乎更为直观，而让用户［如点按科纳蒂等（Conati et al. ，2013）在界面显示软件领域实验中使用的"混淆不清"按钮］承认难以理解译文则不然。鉴于译文注视时间数据在检测译文是否混淆不清方面并不总是十分可靠，因此可以设想通过眼睛跟踪技术和面部表情识别来进行检测。随着越来越多的设备配备了 Web 摄像头（包括眼镜），可以非常轻松地使用这些技术。但是，这些技术显然极具侵入性，可能会引起严重的隐私问题，所以在（通过译文注视时间数据）收集真实的翻译用户反馈方面需要进一步研究这些技术的作用。最后要说明的是，翻译模式明显会从推送模式发展到提取模式。从传统来看，已证明推送模式十分流行，因为它可以更轻松地翻译尽可能多的内容（取决于可用的人力和财力资源），而不用预先考虑哪些内容在翻译形式中会发挥作用。随着收集的翻译使用和用户数据越来越多，提取模式会具有一些优势，因为只要有明确的需求就可以触发翻译操作（如当用户使用设置了特定语言偏好的浏览器请求 Web 页面时）。如前所述，主要的挑战在于如何尽可能快地向用户提供具有可接受质量的翻译内容。如果可以成功解决简单翻译任务的这个挑战，就没有理由不将这个模式应用于更高级的本地化任务，例如通过个性化或适应性修改提供给特定用户的内容，如斯泰肯和韦德（Steichen & Wade，2010）所述或其他沟通方式。

7.6.2　文本之外的本地化

本书重点介绍了文本本地化，也在某个层面对其他沟通形式（如图形和视频）进行了讨论。在可预见的将来，虽然文本仍会是一个非常重要的沟通媒介，但可以想象得到，随着新的计算设备和模式的出现，其他类型的交互将会变得流行起来。如上所述，随着提供个人助理（如苹果 Siri 或微软 Cortana）的移动设备和应用程序的普及，语音输入越来越受欢迎。[9] 从国际化和本地化的角度来看，在能否处理多种口音和特殊口头语言领域出现了不小的适应性修改挑战。如果与设备和系统的交互越来越多地依靠手势，那么这种挑战也可适用于另一类型的模式，即手势和身体姿势，它们会因国家/地区的不同而大有不同，所以未来的挑战将在于能否根据用户配置文件将含义与特定手势关联起来，以便在本地化流程中准确地将其含义表达出来。在某种程度上，这是口译人员多年来一直不得不做的工作（即不仅要翻译句子，有时还要翻译身体语言表达的含义），所以观察未来翻译人员的角色是否会与口译人员的角色出现重叠将是一个非常有趣的课题。

注释

[1] 参见 http://cldr. unicode. org/。

[2] 参见 http://www. reuters. com/article/2015/02/25/us – china – tech – exclusive – idUSK-BN0LT1B020150225。

[3] 参见 http://lucumr. pocoo. org/2014/1/5/unicode – in – 2 – and – 3/。

[4] 参见 https://www. wakari. io/。

[5] 参见 http://nbviewer. ipython. org/。

[6] 参见 https://www. unbabel. com/。

[7] 参见 http://www. programmableweb. com/。

[8] 参见 https://www. google. ie/mobile/translate/。

[9] 参见 http://readwrite. com/2014/04/16/microsoft – cortana – siri – google – now。

Bibliography

Adams, A., Austin, G., and Taylor, M. (1999). Developing a resource for multinational writing at Xerox Corporation. *Technical Communication*, pages 249-54.

Adriaens, G. and Schreurs, D. (1992). From Cogram to Alcogram: Toward a controlled English grammar checker. In *Proceedings of the 14th International Conference on Computational Linguistics, COLING 92*, pages 595-601, Nantes, France.

Aikawa, T., Schwartz, L., King, R., Corston-Oliver, M., and Lozano, C. (2007). Impact of controlled language on translation quality and post-editing in a statistical machine translation environment. In *Proceedings of MT Summit XI*, pages 1-7, Copenhagen, Denmark.

Alabau, V. and Leiva, L. A. (2014). Collaborative Web UI localization, or how to build feature-rich multilingual datasets. In *Proceedings of the 17th Annual Conference of the European Association for Machine Translation (EAMT'14)*, pages 151-4, Dubrovnik, Croatia.

Alabau, V., Leiva, L. A., Ortiz-Mart, D., and Casacuberta, F. (2012). User evaluation of interactive machine translation systems. In *Proceedings of the 16th EAMT Conference*, pages 20-3, Trento, Italy.

Allen, J. (1999). Adapting the concept of 'translation memory' to 'authoring memory' for a controlled language writing environment. In *Translating and the Computer 21: Proceedings of the Twenty-First International Conference on 'Translating and the Computer'*, London.

Allen, J. (2001). Post-editing: an integrated part of a translation software program. *Language International*, April, pages 26-9.

Allen, J. (2003). Post-editing. In Somers, H., editor, *Computers and Translation: A Translator's Guide*, pages 297-317, John Benjamins Publishing Company, Amsterdam.

Amant, K. S. (2003). Designing effective writing-for-translation intranet sites. *IEEE Transactions on Professional Communication*, 46(1): 55-62.

Arnold, D., Balkan, L., Meijer, S., Humphreys, R., and Sadler, L. (1994). *Machine Translation: an Introductory Guide*. Blackwells-NCC, London.

Austermuhl, F. (2014). *Electronic Tools for Translators*. Routledge, London.

Aziz, W., Castilho, S., and Specia, L. (2012). PET: a tool for post-editing and assessing machine translation. In Calzolari, N., Choukri, K., Declerck, T., Dogan, M. U., Maegaard, B., Mariani, J., Odijk, J., and Piperidis, S., editors, *Proceedings of the Eighth International Conference on Language Resources and Evaluation (LREC-2012)*, pages 3982-7, Istanbul, Turkey. European Language Resources Association (ELRA), Paris.

Barrachina, S., Bender, O., Casacuberta, F., Civera, J., Cubel, E., Khadivi, S., Lagarda, A. L., Ney, H., Tomás, J., Vidal, E., and Vilar, J. M. (2009). Statistical approaches to computer-assisted translation. *Computational Linguistics*, 35(1): 3-28.

Barreiro, A., Scott, B., Kasper, W., and Kiefer, B. (2011). OpenLogos machine translation: philosophy, model, resources and customization. *Machine Translation*, 25(2): 107-26.

Baruch, T. (2012). Localizing brand names. *MultiLingual*, 23(4): 40-2.

Bel, N., Papavasiliou, V., Prokopidis, P., Toral, A., and Arranz, V. (2013). Mining and exploiting domain-specific corpora in the panacea platform. In *BUCC 2012, The 5th Workshop on Building and Using Comparable Corpora: "Language Resources for Machine Translation in Less-Resourced Languages and Domains"*, pages 24-6, Istanbul, Turkey.

Bernstein, M. S., Little, G., Miller, R. C., Hartmann, B., Ackerman, M. S., Karger, D. R., Crowell, D., and Panovich, K. (2010). Soylent: a word processor with a crowd inside. In *Proceedings of the 23nd Annual ACM Symposium on User Interface Software and Technology*, pages 313-22, ACM, New York.

Bernth, A. (1998). EasyEnglish: Preprocessing for MT. In *Proceedings of the Second International Workshop on Controlled Language Applications (CLAW 1998)*, pages 30-41, Pittsburgh, PA.

Bernth, A. and Gdaniec, C. (2002). MTranslatability. *Machine Translation*, 16: 175-218.

Bernth, A. and McCord, M. C. (2000). The effect of source analysis on translation confidence. In White, J., editor, *Envisioning Machine Translation in the Information Future: Proceedings of the 4th Conference of the Association for MT in the Americas*, AMTA 2000, Cuernavaca, Mexico, pages 89-99, Springer-Verlag, Berlin, Germany.

Bird, S., Klein, E., and Loper, E. (2009). *Natural Language Processing with Python*. O'Reilly Media, Inc., Sebastopol, CA, 1st edition.

Blatz, J., Fitzgerald, E., Foster, G., Gandrabur, S., Goutte, C., Kulesza, A., Sanchis, A., and Ueffing, N. (2004). Confidence estimation for machine translation. In *Proceedings of the*

20*th International Conference on Computational Linguistics*, pages 315-21, Association for Computational Linguistics, Stroudsburg, PA.

Bowker, L. (2005). Productivity vs quality? a pilot study on the impact of translation memory systems. *Localisation Focus* 4(1): 13-20.

Brown, P. E., Pietra, S. A. D., Pietra, V. J. D., and Mercer, R. L. (1993). The mathematics of statistical machine translation: Parameter estimation. *Computational Linguistics*, 19: 263-311.

Bruckner, C. and Plitt, M. (2001). Evaluating the operational benefit of using machine translation output as translation memory input. In *MT Summit VIII, MT evaluation: who did what to whom (Fourth ISLE workshop)*, pages 61-5, Santiago de Compostela, Spain.

Byrne, J. (2004). Textual Cognetics and the Role of Iconic Linkage in Software User Guides. PhD thesis, Dublin City University, Dublin, Ireland.

Callison-Burch, C., Koehn, P., Monz, C., Post, M., Soricut, R., and Specia, L. (2012). Findings of the 2012 workshop on statistical machine translation. In *Proceedings of the Seventh Workshop on Statistical Machine Translation*, pages 10-51, Montreal, Canada, Association for Computational Linguistics, New York.

Carl, M. (2012). Translog-II: a program for recording user activity data for empirical reading and writing research. In *Proceedings of the Eighth International Conference on Language Resources and Evaluation (LREC-2012)*, pages 4108-12, Istanbul, Turkey, European Language Resources Association (ELRA), Paris.

Casacuberta, F., Civera, J., Cubel, E., Lagarda, A. L., Lapalme, G., Macklovitch, E., and Vidal, E. (2009). Human interaction for high-quality machine translation. *Communications of the ACM – A View of Parallel Computing*, 52(10): 135-8.

Chandler, H. M., Deming, S. O., et al. (2011). *The Game Localization Handbook*. Jones & Bartlett Publishers, Sudbury, MA.

Chiang, D. (2005). A hierarchical phrase-based model for statistical machine translation. In *Proceedings of the 43rd Annual Meeting on Association for Computational Linguistics (ACL' 05)*, pages 263-70, Morristown, NJ, Association for Computational Linguistics, New York.

Choudhury, R. and McConnell, B. (2013). TAUS translation technology landscape report. Technical report, TAUS, Amsterdam.

Clémencin, G. (1996). Integration of a CL-checker in a operational SGML authoring environment.

In *Proceedings of the First Controlled Language Application Workshop* (*CLAW* 1996), pages 32-41, Leuven, Belgium.

Collins, L. and Pahl, C. (2013). A service localisation platform. In *SERVICE COMPUTATION* 2013, *The Fifth International Conferences on Advanced Service Computing*, pages 6-12, IARIA, Wilmington, NC.

Conati, C., Hoque, E., Toker, D., and Steichen, B. (2013). When to adapt: Detecting user's confusion during visualization processing. In *Proceedings of 1st International Workshop on User-Adaptive Visualization* (*WUAV* 2013), Rome, Italy.

D'Agenais, J. and Carruthers, J. (1985). *Creating Effective Manuals*. South-Western Pub, Co, Cincinnati, OH.

Deitsch, A. and Czarnecki, D. (2001). *Java Internationalization*. O'Reilly Media, Inc, Sebastopol, CA.

Denkowski, M. and Lavie, A. (2011). Meteor 1.3: Automatic metric for reliable optimization and evaluation of machine translation systems. In *Proceedings of the EMNLP* 2011 *Workshop on Statistical Machine Translation*, Edinburgh, U.K.

DePalma, D. A. (2002). *Business Without Borders*. John Wiley & Sons, Inc., New York.

DePalma, D., Hegde, V., and Stewart, R. G. (2011). How much does global contribute to revenue? Technical report, Common Sense Advisory, Lowell, MA.

Dirven, R. and Verspoor, M. (1998). *Cognitive Exploration of Language and Linguistics*. John Benjamins Publishing, Amsterdam.

Dombek, M. (2014). A study into the motivations of internet users contributing to translation crowdsourcing: the case of Polish Facebook user-translators. PhD thesis, Dublin City University.

Drugan, J. (2014). *Quality in Professional Translation*. Bloomsbury Academic, London.

Dunne, K. (2011a). From vicious to virtuous cycle customer-focused translation quality management using iso 9001 principles and agile methodologies. In Dunne, K. J. and Dunne, E., editors, *Translation and Localization Project Management: The Art of the Possible*, pages 153-88, John Benjamins Publishing, Amsterdam.

Dunne, K. (2011b). Managing the fourth dimension: Time and schedule in translation and localization project. In Dunne, K. J. and Dunne, E., editors, *Translation and Localization Project Management: The Art of the Possible*, pages 119-52, American Translators Association Scholarly Monograph Series, John Benjamins Publishing, Amsterdam.

Dunne, K. J. and Dunne, E. S. (2011). *Translation and Localization Project Management: The Art of the Possible*. John Benjamins Publishing, Amsterdam.

Elming, J. and Bonk, R. (2012). The Casmacat workbench: a tool for investigating the integration of technology in translation. In *Proceedings of the International Workshop on Expertise in Translation and Post-editing – Research and Application*, Copenhagen, Denmark.

Esselink, B. (2000). *A Practical Guide to Localization*. John Benjamins Publishing, Amsterdam.

Esselink, B. (2001). Web design: Going native. *Language International*, 2: 16-18.

Esselink, B. (2003a). The evolution of localization. *The Guide from Multilingual Computing & Technology: Localization*, 14(5): 4-7.

Esselink, B. (2003b). Localisation and translation. In Somers, H. , editor, *Computers and Translation: A Translator's Guide*, pages 67-86, John Benjamins Publishing, Amsterdam.

Federico, M. , Bertoldi, N. , and Cettolo, M. (2008). IRSTLM: an open source toolkit for handling large scale language models. In *Interspeech' 08*, pages 1618-21.

Federmann, C. , Eisele, A. , Uszkoreit, H. , Chen, Y. , Hunsicker, S. , and Xu, J. (2010). Further experiments with shallow hybrid MT systems. In *Proceedings of the Joint Fifth Workshop on Statistical Machine Translation and Metrics MATR*, pages 77-81, Uppsala, Sweden, Association for Computational Linguistics, New York.

Flournoy, R. and Duran, C. (2009). Machine translation and document localization production at Adobe: From pilot to production. In *Proceedings of the Machine Translation Summit XII*, Ottawa, Canada.

Forcada, M. L. , Ginestí-Rosell, M. , Nordfalk, J. , O'Regan, J. , Ortiz-Rojas, S. , Pérez-Ortiz, J. A. , Sánchez-Martínez, F. , Ramírez-Sánchez, G. , and Tyers, F. M. (2011). Apertium: a free/open-source platform for rule-based machine translation. *Machine Translation*, 25(2): 127-44.

Friedl, J. (2006). *Mastering Regular Expressions*. O'Reilly Media, Inc. , Sebastopol, CA, 3rd edition.

Fukuoka, W. , Kojima, Y. , and Spyridakis, J. (1999). Illustrations in user manuals: Preference and effectiveness with Japanese and American readers. *Technical Communication*, 46 (2): 167-76.

Gallup, O. (2011). User language preferences online. Technical report, European Commission, Brussels.

Gauld, A. (2000). *Learn to Program Using Python: A Tutorial for Hobbyists, Self-Starters, and All Who Want to Learn the Art of Computer Programming*. Addison-Wesley Professional, Reading, MA.

Gdaniec, C. (1994). The Logos translatability index. In *Technology Partnerships for Crossing the Language Barrier: Proceedings of the First Conference of the Association for Machine Translation in The Americas*, pages 97-105, Columbia, MD.

Gerson, S. J. and Gerson, S. M. (2000). *Technical Writing: Process and Product*. Prentice Hall, Upper Saddle River, NJ.

Giammarresi, S. (2011). Strategic views on localisation project management: The importance of global product management and portfolio management. In Dunne, K. J and Dunne, E., editors, *Translation and Localization Project Management: The Art of the Possible*, pages 17-50, American Translators Association Scholarly Monograph Series, John Benjamins Publishing Company, Amsterdam.

Godden, K. (1998). Controlling the business environment for controlled language. In *Proceedings of the Second Controlled Language Application Workshop (CLAW)*, pages 185-9, Pittsburgh, PA.

Godden, K. and Means, L. (1996). The controlled automotive service language (CASL) project. In *Proceedings of the First Controlled Language Application Workshop (CLAW 1996)*, pages 106-14, Leuven, Belgium.

Hall, B. (2009). *Globalization Handbook for the Microsoft .Net Platform*. CreateSpace.

Hammerich, I. and Harrison, C. (2002). *Developing Online Content: The Principles of Writing and Editing for the Web*. John Wiley & Sons, Inc., Toronto, Canada.

Hayes, P., Maxwell, S., and Schmandt, L. (1996). Controlled English advantages for translated and original English documents. In *Proceedings of the First Controlled Language Application Workshop (CLAW 1996)*, pages 84-92, Leuven, Belgium.

He, Y., Ma, Y., Roturier, J., Way, A., and van Genabith, J. (2010). Improving the post-editing experience using translation recommendation: a user study. In *Proceedings of the Ninth Conference of the Association for Machine Translation in the Americas (AMTA 2010)*, pages 247-56, Denver, CO, Association for Machine Translation in the Americas.

Hearne, M. and Way, A. (2011). Statistical machine translation: A guide for linguists and translators. *Language and Linguistics Compass*, 5(5): 205-26.

International, D. (2003). *Developing International Software*. Microsoft Press, Redmond, WA, 2nd edition.

Jiménez-Crespo, M. A. (2011). From many one: Novel approaches to translation quality in a social network era. In O'Hagan, M. , editor, *Linguistica Antverpiensia New Series – Themes in Translation Studies: Translation as a Social Activity – Community Translation* 2. 0, pages 131-52, Artesis University College, Antwerp.

Jiménez-Crespo, M. A. (2013). *Translation and Web Localization.* Routledge, London.

Kamprath, C. , Adolphson, E. , Mitamura, T. , and Nyberg, E. (1998). Controlled language for multilingual document production: Experience with caterpillar technical English. In *CLAW' 98: 2nd International Workshop on Controlled Language Applications*, Pittsburgh, PA.

Kaplan, M. (2000). *Internationalization with Visual Basic: The Authoritative Solution.* Sams Publishing, Indianapolis, IN.

Karsch, B. I. (2006). Terminology workflow in the localization process. In Dunne, K. J. , editor, *Perspectives on Localization*, pages 173-91, John Benjamins Publishing, Amsterdam.

Kelly, N. ,Rav, R. , and DePalma, D. A. (2011). From crawling to sprinting: Community translation goes mainstream. In O'Hagan, M. , editor, *Linguistica Antverpiensia New Series – Themes in Translation Studies: Translation as a Social Activity – Community Translation* 2. 0, pages 75-94, Artesis University College, Antwerp, 10th edition.

Knight, K. and Chander, I. (1994). Automated post-editing of documents. In *Proceedings of the Twelfth National Conference on Artificial Intelligence (Vol. 1)*, pages 779-84, American Association for Artificial Intelligence, Seattle,WA.

Koehn, P. (2010a). Enabling monolingual translators: Post-editing vs. options. In *Proceedings of Human Language Technologies: The 2010 Annual Conference of the North American Chapter of the Association for Computational Linguistics*, pages 537-45, Los Angeles, CA.

Koehn, P. (2010b). *Statistical Machine Translation.* Cambridge University Press, Cambridge.

Koehn, P. , Birch, A. , Callison-Burch, C. , Federico, M. , Bertoldi, N. , Cowan, B. , Moran, C. , Dyer, C. , Constantin, A. , and Herbst, E. (2007). Moses: Open source toolkit for statistical machine translation. In *ACL-2007: Proceedings of Demo and Poster Sessions*, Prague, Czech Republic.

Koehn, P. , Och, F. J. , and Marcu, D. (2003). Statistical phrase-based translation. In *Proceedings of the 2003 Conference of the North American Chapter of the Association for Computational Linguistics on Human Language Technology – NAACL' 03*, pages 48-54, Association for Computational Linguistics, Morristown, NJ.

Kohavi, R. , Longbotham, R. Sommerfield, D. , and Henne, R. M. (2009). Controlled experiments on the web: survey and practical guide. *Data Mining and Knowledge Discovery*, 18(1): 140-81.

Kohl, J. R. (2008). *The Global English Style Guide: Writing Clear, Translatable Documentation for a Global Market*. SAS Institute, Cary, NC.

Krings, H. P. (2001). *Repairing Texts: Empirical Investigations of Machine Translation Post-Editing Process*. The Kent State University Press, Kent, OH.

Kumaran, A. , Saravanan, K. , and Maurice, S. (2008). wikiBABEL: community creation of multilingual data. In *Proceedings of the Fourth International Symposium on Wikis*, WikiSym '08, New York, NY, ACM, New York.

Künzli, A. (2007). The ethical dimension of translation revision, an empirical study. *The Journal of Specialised Translation*, 8: 42-56.

Lagoudaki, E. (2009). Translation editing environments. In *MT Summit XII, The Twelfth Machine Translation Summit: Beyond Translation Memories: New Tools for Translators Workshop*, Ottawa, Canada.

Langlais, P. and Lapalme, G. (2002). TransType: Development-evaluation cycles to boost translator's productivity. *Machine Translation*, 17(2): 77-98.

Lardilleux, A. and Lepage, Y. (2009). Sampling-based multilingual alignment. In *International Conference on Recent Advances in Natural Language Processing (RANLP 2009)*, Borovets, Bulgaria.

Lo, C. -K. and Wu, D. (2011). MEANT: An inexpensive, high-accuracy, semi-automatic metric for evaluating translation utility via semantic frames. In *Proceedings of the 49th Annual Meeting of the Association for Computational Linguistics: Human Language Technologies-Volume* 1, pages 220-9, Association for Computational Linguistics, Morristown. NJ.

Lombard, R. (2006). A practical case for managing source-language terminology. In Dunne, K. J. , editor, *Perspectives on Localization*, pages 155-71, John Benjamins Publishing, Amsterdam.

Lutz, M. (2009). *Learning Python*. O'Reilly & Associates, Inc. , Sebastopol, CA, 4th edition.

Lux, V. and Dauphin, E. (1996). Corpus studies: a contribution to the definition of a controlled language. In *Proceedings of the First Controlled Language Application Workshop (CLAW 1996)*, pages 193-204, Leuven, Belgium.

McDonough Dolmaya, J. (2011). The ethics of crowdsourcing. In O'Hagan, M. , editor, *Linguis-*

tica Antverpiensia New Series – Themes in Translation Studies: *Translation as a Social Activity –*
Community Translation 2. 0, pages 97-110, Artesis University College, Antwerp, 10th edition.

McNeil, J. (2010). *Python 2. 6 Text Processing*: *Beginners Guide*. Packt Publishing Ltd, Birming-
ham.

Melby, A. K. and Snow, T. A. (2013). Linport as a standard for interoperability between trans-
lation systems. *Localisation Focus*, 12(1): 50-55.

Microsoft (2011). *French Style Guide*. Microsoft, Redmond, WA.

Mitamura, T. , Nyberg, E. and Carbonell, J. (1991). An efficient interlingua translation system
for multilingual document production. In *Proceedings of the Third Machine Translation Summit*,
Washington, DC, pages 2-4.

Moore, C. (2000). Controlled language at Diebold Incorporated. In *Proceedings of the Third Inter-*
national Workshop on Controlled Language Applications (*CLAW* 2000), pages 51-61,
Seattle, WA.

Moorkens, J. (2011). Translation memories guarantee consistency: Truth or fiction? In *Proceed-*
ings of ASLIB 2011, London.

Moorkens, J. and O'Brien, S. (2013). User attitudes to the post-editing interface. In O'Brien, S. ,
Simard, M. , and Specia, L. , editors, *Proceedings of MT Summit XIV Workshop on Post-editing*
Technology and Practice, pages 19-25, Nice, France.

Muegge, U. (2001). The best of two worlds: Integrating machine translation into standard transla-
tion memories. a universal approach based on the TMX standard. *Language International*, 13
(6): 26-9.

Myerson, C. (2001). Global economy: Beyond the hype. *Language International*, 1: 12-15.

Nielsen, J. (1999). *Designing Web Usability*: *The Practice of Simplicity*. New Riders Publish-
ing, Thousand Oaks, CA.

Nyberg, E. , Mitamura, T. , and Huijsen, W. O. (2003). Controlled language for authoring and
translation. In Somers, H. , editor, *Computers and Translation*: *A Translator's Guide*, pages 245-
81, John Benjamins Publishing Company, Amsterdam.

O'Brien, S. (2002). Teaching post-editing: A proposal for course content. In 6*th EAMT Workshop*
' *Teaching Machine Translation*' , Manchester, pages 99-106.

O'Brien, S. (2003). Controlling controlled English: An analysis of several controlled language rule
sets. In *Proceedings of EAMT-CLAW*-03, pages 105-14, Dublin, Ireland. O'Brien, S. (2014).

Error typology benchmarking report. Technical report, TAUS Labs, Amsterdam.

O'Brien, S. and Schäler, R. (2010). Next generation translation and localization: Users are taking charge. In *Proceedings of Translating and the Computer 32*, Aslib, London.

O'Brien, S., Moorkens, J., and Vreeke, J. (2014). Kanjingo – a mobile app for post-editing. In *EAMT2014: The Seventeenth Annual Conference of the European Association for Machine Translation (EAMT)*, pages 137-41, Dubrovnik, Croatia.

Och, F. J. (2003). Minimum error rate training in statistical machine translation. In *Proceedings of the 41st Annual Meeting on Association for Computational Linguistics*, volume 1, pages 160-7, Sapporo, Japan.

Och, F. J. and Ney, H. (2002). Discriminative training and maximum entropy models for statistical machine translation. In *Proceedings of the 40th Annual Meeting on Association for Computational Linguistics*, pages 295-302, Association for Computational Linguistics, Stroudsburg, PA.

Och, F. J. and Ney, H. (2003). A systematic comparison of various statistical alignment models. *Computational Linguistics*, 29(1): 19-51.

Ogden, C. K. (1930). *Basic English: A General Introduction with Rules and Grammar*. Paul Treber, London.

O'Hagan, M. and Ashworth, D. (2002). *Translation-mediated Communication in a Digital World: Facing the Challenges of Globalization and Localization*, volume 23, Multilingual Matters, Clevedon.

Papineni, K., Roukos, S., Ward, T., and Zhu, W.-J. (2002). BLEU: a method for automatic evaluation of machine translation. In *Proceedings of the 40th Annual Meeting of the Association for Computational Linguistics (ACL 2002)*, pages 311-18, Philadelphia, PA.

Pedersen, J. (2009). A subtitler's guide to translating culture. *MultiLingual*, 20(3): 44-48.

Perez, F. and Granger, B. E. (2007). IPython: a system for interactive scientific computing. *Computing in Science & Engineering*, 9(3): 21-9.

Perkins, J. (2010). *Python Text Processing with NLTK 2.0 Cookbook*. Packt Publishing, Birmingham.

Pfeiffer, S. (2010). *The Definitive Guide to HTML5 Video*. Apress, New York.

Pym, A. (2004). *The Moving Text: Localization, Translation, and Distribution*, volume 49, John Benjamins Publishing, Amsterdam.

Pym, P. J. (1990). Preediting and the use of simplified writing for MT: an engineer's experience of operating an MT system. In Mayorcas, P. , editor, *Translating and the Computer* 10: *The Translation Environment 10 Years on*, pages 80-96, ASLIB, London.

Raman, M. and Sharma, S. (2004). *Technical Communication: Principles and Practice*. Oxford University Press, Oxford.

Ray, R. and Kelly, N. (2010). *Reaching New Markets Through Transcreation*. Common Sense Advisory, Lowell, MA.

Richardson, S. D. (2004). Machine translation of online product support articles using a data-driven MT system. In Frederking, R. and Taylor, K. , editors, *Proceedings of the 6th Conference of the Association for MT in the Americas*, AMTA 2004, pages 246-51, Washington, DC, Springer-Verlag, New York.

Rockley, A. , Kostur, P. , and Manning, S. (2002). *Managing Enterprise Content: A Unified Content Strategy*. New Riders, Indianapolis, IN.

Roturier, J. (2006). An investigation into the impact of controlled English rules on the comprehensibility, usefulness and acceptability of machine-translated technical documentation for French and German users. PhD thesis, Dublin City University, Ireland.

Roturier, J. (2009). Deploying novel MT technology to raise the bar for quality: A review of key advantages and challenges. In *MT Summit XII: Proceedings of the Twelfth Machine Translation Summit*, Ottawa, Canada.

Roturier, J. and Lehmann, S. (2009). How to treat GUI options in IT technical texts for authoring and machine translation. *The Journal of Internationalisation and Localisation*, 1: 40-59.

Roturier, J. , Mitchell, L. , and Silva, D. (2013). The ACCEPT post-editing environment: a flexible and customisable online tool to perform and analyse machine translation post-editing. In O'Brien, S. , Simard, M. , and Specia, L. , editors, *Proceedings of the MT Summit XIV Workshop on Post-editing Technology and Practice (WPTP* 2013), Nice, France.

Rubino, R. , Wagner, J. , Foster, J. , Roturier, J. , Samad Zadeh Kaljahi, R. and Hollowood, F. (2013). DCU-Svmantec at the WMT 2013 quality estimation shared task. In *Proceedings of the Eighth Workshop on Statistical Machine Translation*, pages 392-7, Sofia, Bulgaria.

Savourel, Y. (2001). *XML Internationalization*. Sams, Indianopolis, IN.

Schwitter, R. (2002). English as a formal specification language. In *Proceedings of the 13th International Workshop on Database and Expert Systems Applications*, pages 228-32.

Senellart, J. , Yang, J. , and Rebollo, A. (2003). Systran intuitive coding technology. In *Pro-*

ceedings of MT Summit X, New Orleans, LA.

Simard, M., Ueffing, N., Isabelle, P., and Kuhn, R. (2007). Rule-based translation with statistical phrase-based post-editing. In *Proceedings of the Second Workshop on Statistical Machine Translation – StatMT' 07*, pages 203-6, Association for Computational Linguistics, Morristown, NJ.

Smith, J., Saint-Amand, H., Plamada, M., Koehn, P., Callison-Burch, C., and Lopez, A. (2013). Dirt cheap web-scale parallel text from the common crawl. In *Proceedings of ACL 2013*, Sofia, Bulgaria.

Smith-Ferrier, G. (2006). *NET Internationalization: The Developer's Guide to Building Global Windows and Web Applications.* Addison-Wesley Professional, Upper Saddle River, NJ.

Snover, M., Dorr, B., Schwartz, R. Micciulla, L., and Makhoul, J. (2006). A study of translation edit rate with targeted human annotation. In *Proceedings of the Seventh Conference of the Association for Machine Translation of the Americas*, Cambridge, MA.

Somers, H. (2003). Machine translation: Latest developments. In Mitkov, R. editor, *The Oxford Handbook of Computational Linguistics*, pages 512-28, Oxford University Press, New York.

Soricut, R., Bach, N., and Wang, Z. (2012). The SDL language weaver systems in the WMT12 quality estimation shared task. In *Proceedings of the Seventh Workshop on Statistical Machine Translation*, pages 145-51, Association for Computational Linguistics, Morristown, MA.

Souphavanh, A. and Karoonbooyanan, T. (2005). *Free/Open Source Software: Localization.* United Nations Development Programme – Asia Pacific Development Information Programme.

Spyridakis, J. (2000). Guidelines for authoring comprehensible web pages and evaluating their success. *Technical Communication*, 47(3): 301-10.

Steichen, B. and Wade, V. (2010). Adaptive retrieval and composition of socio-semantic content for personalised customer care. In *International Workshop on Adaptation in Social and Semantic Web*, pages 1-10, Honolulu, HI.

Stolcke, A. (2002). SRILM – an extensible language modeling toolkit. In *Proceedings of the Seventh International Conference on Spoken Language Processing (ICSLP 2002)*, Denver, CO.

Surcin, S., Lange, E., and Senellart, J. (2007). Rapid development of new language pairs at Systran. In *Proceedings of MT Summit XI*, pages 10-14, Copenhagen, Denmark.

Tiedemann, J. (2012). Parallel data, tools and interfaces in opus. In Calzolari, N., Choukri, K., Declerck, T., Dogan, M. U., Maegaard, B., Mariani, J., Odijk, J., and Piperidis, S., editors, *Proceedings of the Eighth International Conference on Language Resources and Eval-*

uation (*LREC'* 12) , Istanbul, Turkey, European Language Resources Association (ELRA) , Paris.

Toker, D. , Conati, C. , Steichen, B. , and Carenini, G. (2013). Individual user characteristics and information visualization: connecting the dots through eye tracking. In *Proceedings of the SIGCHI Conference on Human Factors in Computing Systems*, pages 295-304, ACM.

Torresi, I. (2010). *Translating Promotional and Advertising Texts*. St. Jerome Publishing, Manchester.

Turian, J. , Shen, L. , and Melamed, D. (2003). Evaluation of machine translation and its evaluation. In *Proceedings of MT Summit IX*, pages 61-3, Edmonton, Canada.

Underwood, N. and Jongejan, B. (2001). Translatability checker: a tool to help decide whether to use MT. In *Proceedings of MT Summit VIII*, Santiago de Compostela, Spain. Van Genabith, J. (2009). Next generation localisation. *Localisation Focus: The International Journal of Localisation*, 8(1): 4-10.

Vasiljevs, A. , Skadin, R. , and Tiedemann, J. (2012). Letsmt!: A cloud-based platform for do-it-yourself machine translation. In *Proceedings of the 50th Annual Meeting of the Association for Computational Linguistics (ACL 2012)*, pages 43-8, Jeju, Republic of Korea.

Vatanen, T. , Väyrynen, J. J. , and Virpioja, S. (2010). Language identification of short text segments with n-gram models. In Calzolari, N. , Choukri, K. , Maegaard, B. , Mariani, J. , Odijk, J. , Piperidis, S. , Rosner, M. , and Tapias, D. , editors, *Proceedings of the Seventh International Conference on Language Resources and Evaluation (LREC-2010)*, Valetta, Malta, European Language Resources Association, Paris.

Wagner, E. (1985). Post-editing Systran: A challenge for commission translators. *Terminologie & Traduction*, 3.

Wass, E. S. (2003). *Addressing the World: National Identity and Internet Country Code Domains*. Rowman & Littlefield, Lanham, MD.

Wojcik, R. and Holmback, H. (1996). Getting a controlled language off the ground at Boeing. In *Proceedings of the First Controlled Language Application Workshop (CLAW 1996)*, pages 114-23, Leuven, Belgium.

Yang, J. and Lange, E. (2003). Going live on the internet. In Somers, H. , editor, *Computers and Translation: A Translator's Guide*, pages 191-210, John Benjamins Publishing, Amsterdam.

Yunker, J. (2003). *Beyond Borders: Web Globalization Strategies*. New Riders, San

Francisco, CA.

Yunker, J. (2010). *The Art of the Global Gateway*. Byte Level Research LLC, Ashland, OR.

Zouncourides-Lull, A. (2011). Applying PMI methodology to translation and localization projects: Project integration management. In Dunne, K. J. and Dunne, E., editors, *Translation and Localization Project Management*: *The Art of the Possible*, pages 71-94, American Translators Association Scholarly Monograph Series, John Benjamins Publishing Company, Amsterdam.

译后记

在过去的 40 多年间，本地化行业不断发展壮大，极大地丰富了语言服务的内涵，后者从最初的零星企业发展到如今的燎原之势，目前已经成为一个拥有巨大市场份额和发展潜力的新兴产业链。本地化是融合了信息技术、语言技术、翻译技术、软件技术、管理技术等多种技术的综合性服务，具有鲜明的技术化特征，如软件编译、本地化翻译、本地化质量保障、本地化软件构建、本地化软件测试等，每项活动都需要使用特定的技术和工具来完成，对从业者的技术能力提出了较高的要求。

随着企业国际化与全球化进程的加快以及移动互联网技术和人工智能技术的飞速发展，市场对本地化技术人才的需求也越来越大。据统计，全国有 253 所高校设置了翻译硕士专业学位，有 272 所高校开设了本科翻译专业，但是大多数学校只注重语言能力的培养，对市场急需的本地化能力不甚关注，人才同质化现象十分严重，全国范围内本地化人才存在较大的结构性缺口，已经无法满足当前日益增长的语言服务需求。为此，加强本地化专业教育势在必行。

截止到 2019 年 1 月，全国只有三所高校（广东外语外贸大学、北京语言大学、西安外国语大学）开设了本地化专业方向，每年毕业生不超过 70 人。笔者所在的广东外语外贸大学于 2015 年率先调整专业人才培养方案，设立翻译与本地化管理方向，逐步开设了翻译项目管理、技术写作、国际化与本地化、网站本地化、软件本地化、游戏本地化等课程，突破了传统的单一的翻译人才培养模式。近年来，我们欣然看到国内有不少高校陆续开设本地化相关的课程，但是本地化教学仍然面临课程定位不准、师资力量不足、教学资源欠缺、教学实践脱节等诸多问题。国内本地化教学和研究的参考读物寥寥无几，而国外原版著作价格高达上千元，常常无人问津。在中国翻译协会本地化服务委员会召开的多次会议上，很多本地化专家建议编写本地化入门教材或引入更多的国外优秀本地化读物，让更多人了解本地化。为此，笔者决定引荐并翻译一系列国外本地化优秀图书。

本书是 *Translation Practices Explained*（《翻译实践指南》）系列丛书之一，系统地介绍了新时代应用程序本地化的概念、工程、任务、流程、管理、技术和工具等多个方面，可作为翻译人员、本地化工程师、本地化管理人员、软件开发人员及高校外语、翻译专业师生研究学习的教材或参考读物。相信本书在国内的出版对于拓展本地化研究视野、促进本地化系统化的理论构建具有重要的意义。

本书的出版获得了教育部人文社科基金项目"大数据时代译者翻译技术能力的构成与培养研究（18YJC740097）"、广东外语外贸大学高水平大学建设项目及广东外语外贸大学国家级同声传译实验教学中心项目"大数据时代口译员技术能力实证研究（TCSI201804）"的支持，特此致谢！

在本书的选题、翻译和出版过程中，得到了诸多的帮助和支持。诚挚感谢中国翻译协会本地化委员会崔启亮、杨颖波、左仁君、韩林涛、魏泽斌、王华伟、罗慧芳和李旭等同仁的指导、鼓励和支持。衷心感谢珍妮特·斯图尔特（Jeannette Stewart）、彭松虎、张霄军、朱华、林世宋、刘帅、陈杲、王珏、王艺涵、王岚、陈涅奥和叶梦轩等同仁在资料核实、文字审校、图形处理等方面给予的真知灼见和热心帮助。

严复曾云："译事三难：信、达、雅。求其信，已大难矣！顾信矣，不达，虽译，犹不译也……"本书涉及诸多交叉学科的知识，限于项目周期和笔者能力，多数内容是在零碎时间完成，书中难免存在不足或纰漏，诚恳期待广大读者批评指正。

广东外语外贸大学高级翻译学院翻译技术教育与研究中心　王华树

2019 年 1 月 1 日